Original en couleur

NF Z 43-120-8

Couverture inférieure manquante

BIBLIOTHÈQUE
G. TISSANDIER
LES CAUSERIES D'UN SAVANT
PARIS
LIBRAIRIE HACHETTE ET Cie
79, BOULEVARD SAINT-GERMAIN 79

CAUSERIES

SUR LA SCIENCE

MOISSONNEURS FOUDROYÉS AU PIED D'UN ARBRE.

BIBLIOTHÈQUE

DES ÉCOLES ET DES FAMILLES

CAUSERIES
SUR LA SCIENCE

PAR

GASTON TISSANDIER

ILLUSTRÉES DE 94 GRAVURES

PARIS
LIBRAIRIE HACHETTE ET Cie
79, BOULEVARD SAINT-GERMAIN, 79
1880

PARIS. — IMPRIMERIE ÉMILE MARTINET, RUE MIGNON, 2.

LE GRAND AMPHITHÉATRE DE LA SORBONNE, A PARIS

INTRODUCTION

Il y a bien des degrés d'enseignement compris entre le grand amphithéâtre de la Sorbonne, où se préparent les savants de l'avenir, et l'humble salle de l'école du village, où l'enfant apprend à épeler ses premières lettres. Un des enseignements qui offrent assurément le plus d'efficacité est celui qui se tire de l'entretien familier, de la conversation journalière sur des sujets à la portée des jeunes intelligences qu'il s'agit d'instruire.

Les pages que l'on va lire sont composées de chapitres différents, qui traitent de questions très variées et qui sont à proprement parler de simples causeries.

Un savant qui a acquis une véritable notoriété nous disait un jour qu'il avait été élevé dans un humble village, et que les leçons qui avaient le plus profité au développement de son intelligence étaient celles que le maître d'école donnait parfois au coin de son feu, tout en causant sur des sujets divers. Nous n'avons pas eu d'autre ambition que d'imiter cet intelligent professeur de la jeunesse.

LE MAITRE D'ÉCOLE AU COIN DU FEU.

CAUSERIES

SUR LA SCIENCE

PREMIÈRE CAUSERIE

LES BIENFAITS DE LA SCIENCE

Un soir, mes jeunes amis, j'étais assis au coin de mon feu, le vent soufflait au dehors, la pluie tombait à torrents au milieu des rafales; je me disais : Qu'il est doux de goûter le confortable des pays civilisés, tandis que tant d'hommes sont exposés sans cesse à mille dangers, et qu'un grand nombre d'autres, à l'état sauvage, ignorent absolument les inépuisables ressources de l'industrie! Cette comparaison fit naître en mon esprit bien des réflexions diverses, et, doucement étendu, je me mis à passer machinalement en revue les objets qui m'entouraient. Cette chambre où je trouve asile, pensai-je, le monde entier s'y trouve représenté. Des milliers d'ouvriers ont contribué à la faire ce qu'elle est. Les objets qu'elle renferme, des bateaux à vapeur et des chemins de fer les ont apportés de toutes les parties du monde.

D'où vient cette cheminée? Elle a été extraite des carrières de marbre des Pyrénées, où des ouvriers ont lentement ouvert des tranchées dans le sol, où ils ont patiemment découpé la roche après mille travaux et mille soins. D'autres mains l'ont taillée, façonnée, sculptée. Le mur de pierre où s'appuis la cheminée a été aussi arrachée à d'anciens gisements peu à peu entamés par les coups d'une tige acérée (fig. 1). Ici est une bougie qui provient peut-être du Pérou; car l'Amérique espagnole envoie en France des quantités considérables de suif de mouton ou de bœuf, et notre industrie trans-

FIG. 1. — ABATAGE A LA LANCE DE PIERRE CALCAIRE (PIERRE A BATIR) DANS UNE CARRIÈRE.

forme cette graisse infecte en bougies stéariques. Là, au-dessous, sont des pincettes. Que d'histoires pourrait nous raconter cet humble ustensile! Quelle en est l'origine? Il vient des mines de fer, où le métal existe à l'état d'oxyde; il faut que des mineurs sachent recueillir le minerai, et que ce minerai soit fondu avec du charbon dans des hauts fourneaux d'où la fonte incandescente sort en ruisseaux de feu. La houille a été péniblement transportée dans des galeries souterraines (fig. 2). Plus tard, la fonte à la formation de laquelle elle contribue est transformée en fer qui doit être martelé, laminé, travaillé, pour donner naissance à la paire de pincettes.

L'industrie du fer emploie des milliers d'ouvriers qui chauf-

FIG. 2. — TRANSPORT DU CHARBON DE TERRE DANS LA GALERIE SOUTERRAINE D'UNE MINE DE HOUILLE.

fent le minerai, coulent la fonte, forgent le fer, et le martèlent en blocs gigantesques quand ils emploient les puissants marteaux à vapeur de nos usines (fig. 3).

Plus loin, voici des chenets de cuivre : encore un métal que l'homme emprunte au Chili, au Mexique, à l'Angleterre, et qui, avant d'être chenet, a fait bien des voyages.

A terre est un tapis; à lui seul il fournirait la matière d'une encyclopédie. Il est en laine, et avant d'être foulé aux pieds, il s'étalait sur le dos d'un mouton. Puis il a passé dans des filatures où d'innombrables machines, où toute une armée d'artisans l'ont métamorphosé en écheveaux de laine. Mais il est teint de nuances diverses qui charment l'œil par l'harmonie artistique des couleurs. Chaque écheveau de laine qui

FIG. 3. — MARTELAGE DU FER (LOUPE DE FER) A L'AIDE D'UN MARTEAU PILON A VAPEUR.

l'a fourni a dû passer dans la cuve à teinture (fig. 4). fond bleu est formé d'indigo, que les Chinois cultivent dans le Céleste Empire et que nos teinturiers utilisent. Sa bordure est rouge; le rocou, qui pousse en Amérique, en a fourni la matière colorante. Toutes les couleurs qui le composent viennent aussi des pays les plus lointains.

FIG. 4. — CUVE DE TEINTURE CHAUFFÉE A LA VAPEUR.

Dans l'âtre sont des bûches qui flambent : des bûcherons les ont taillées dans la forêt; ils en ont façonné un radeau que la Seine a conduit jusque dans notre capitale. Au-dessus est un fragment de charbon de terre que l'on a arraché des entrailles du sol, et que l'industrie consomme en grande abondance, pour donner la vie aux machines à vapeur, pour faire courir la locomotive sur les rails de fer, et pour animer ces vaisseaux énormes qui sillonnent la surface des océans.

Deux vases de porcelaine décorent ma cheminée : ils n'ont

FIG. 5. — APPAREIL SPHÉRIQUE OU LES CHIFFONS, TRAITÉS PAR UNE LESSIVE ALCALINE, FORMENT LA PATE A PAPIER.

d'abord été qu'une terre blanche que l'on nomme *kaolin;* puis ils ont été façonnés dans la manufacture de céramique, séchés, peints par d'habiles artistes, et chauffés dans de grands fours.

Derrière eux brille une glace étamée. Que de merveilles

FIG. 6. — MACHINE A IMPRIMER LES PAPIERS PEINTS.

dans ce miroir! Le sable de nos rivières, porté à une haute température, avec la soude et la chaux, donne le verre, étonnante substance qui se prête à tous nos besoins. Elle est étamée d'étain et de mercure, métaux que les mineurs vont chercher encore dans l'écorce terrestre.

Tout près de ma main est un flacon d'eau de Cologne, dont la base est l'alcool. La fabrication de ce liquide a nécessité un travail considérable; il a fallu cultiver la betterave, en extraire le sucre, puis les distillateurs ont préparé l'alcool. Les parfums de cette eau de Cologne ont exigé la culture des citrons, des roses, des verveines, d'une infinité de fleurs. Pour remplir ce flacon, mille jardiniers ont demandé au ciel de la pluie ou du soleil, ont remué la terre, ont cultivé les fleurs. Il a fallu dans d'autres usines fabriquer les essences et les unir à l'alcool.

Que de travaux, que de peines, que d'inventions présente tout ce que je vois autour de moi! Cette feuille de papier où je puis écrire, retracer mes pensées, cette plume métallique qui me permet d'y porter l'encre, sortent de vastes usines où des ingénieurs, des ouvriers, font agir de puissantes machines (fig. 5). Le papier de tenture qui couvre les murs est lui-même une merveille de fabrication ingénieuse (fig. 6). Que d'observations semblables à faire sur les vêtements qui me couvrent commodément, et qui sont formés de drap, de toile, de soie, de tissus divers, inventés, perfectionnés et fabriqués par une légion d'hommes industrieux!

Mais si je cesse de m'attacher uniquement au bien-être physique, que d'admiration, que d'étonnement suscitent dans mon esprit ces peintures où l'artiste représente les traits de ceux que j'aime, l'image des scènes charmantes de la nature! Que de réflexions éveillent en moi ces livres écrits par des philosophes, des poètes, des penseurs et des érudits! Que l'on réfléchisse à ces dons bénis de la civilisation, on verra que l'on ne saurait en faire trop de cas. Grâce à l'imprimerie, je n'ai qu'à interroger mes livres, et me voilà presque aussi instruit en astronomie que Galilée et que Newton. Je sais, si je veux, la chimie comme Lavoisier, et les sciences naturelles comme Buffon. Tous ces génies qui ont épuisé leurs forces, leur intelligence, à créer, à étudier et à approfondir les œuvres de la nature, je profite de leurs travaux, et je m'instruis à leur école. Je cause avec les hommes du passé comme avec ceux du présent; et tout cela sans sortir de cette boîte, comprise entre quatre murs, dans laquelle je vis si commodément, grâce aux travailleurs, aux industriels, aux inventeurs de tous les pays, de toutes les professions, de tous les âges et de toutes les classes.

Que l'oisif, pour qui le travail est un fardeau, qui végète dans la paresse, qui ne cultive pas son intelligence, qui ne cherche à rien étudier, à rien produire, jette les yeux sur le tableau que nous venons d'esquisser. Il sentira en lui une voix de la conscience qui lui dira : A quel titre jouis-tu des bienfaits de la civilisation fille du travail? Si tu n'as pas pris la plus petite part à cet immense monument du bien-être intellectuel et physique que des milliers d'hommes laborieux construisent depuis des siècles, es-tu vraiment bien digne d'y trouver asile?

DEUXIÈME CAUSERIE

L'EXPLOITATION DES MOUTONS EN AUSTRALIE

Ce n'est plus dans notre chambre que nous allons aujourd'hui jeter les regards; je vais vous transporter à l'autre bout du monde, aux antipodes, en Australie, où dans certaines régions vivent encore des peuplades sauvages, des hommes barbares, à moitié nus (fig. 7). Nous ne nous occuperons pas de ceux-là, dont le nombre diminue sans cesse, mais des colons laborieux qui cultivent à côté d'eux un sol neuf, et s'occupent d'élever le bétail. Certains colons ont en leur possession des milliers de bêtes à cornes, et c'est à cheval, au grand galop qu'ils les rassemblent parfois, avec le long fouet qu'ils prennent à la main (fig. 8). L'élève du mouton donne lieu dans le pays à toute une industrie curieuse dont je veux vous entretenir.

Il n'est pas rare de rencontrer en Australie des propriétaires anglais qui possèdent cent mille hectares de prairies, où ne paissent pas moins de cent mille moutons. Quelques-uns de ces bergers, comme on n'en voit pas de pareils dans la vieille Europe, ont commencé par s'établir tant bien que mal dans une des vastes prairies inhabitées du jeune continent. Grâce aux quelques centaines de livres sterling qu'ils avaient emportées avec eux, ils se sont construit une cabane, ont acheté dans le voisinage des brebis et des béliers; les années et le travail aidant, leur famille de bêtes à laine s'est mul-

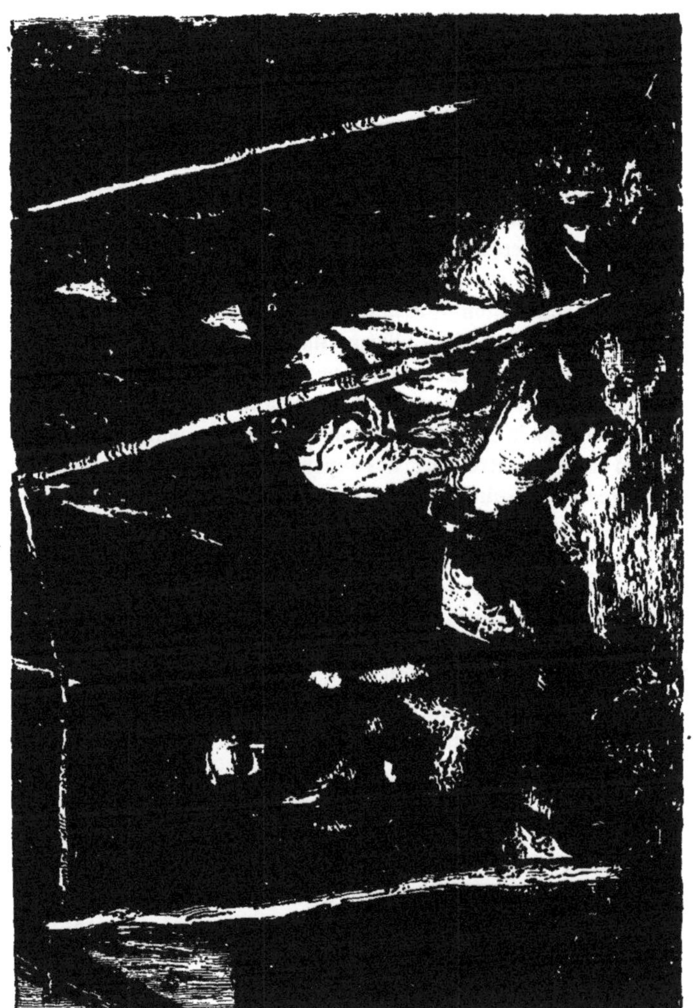

FIG. 7. — SAUVAGES AUSTRALIENS DE LA PROVINCE DE VICTORIA.

tipliée, jusqu'au point de couvrir un espace si grand que l'œil ne peut l'embrasser tout entier.

Cette immense agglomération de moutons dans certaines régions de l'Australie a donné naissance à des établissements singuliers, comme on n'en trouverait nulle part dans nos contrées : ce sont des usines à vapeur où des milliers de moutons sont nettoyés, douchés et tondus mécaniquement. Les célèbres machines de Cincinnati, qui engloutissent des milliers de cochons pour les métamorphoser en saucissons, ne le cèdent en rien à ces exploitations australiennes.

L'établissement que nous allons décrire est celui de Hamilton et Trail, situé à Collaroy, dans le New-South-Wales.

L'usine du lavage ne compte pas moins de deux machines à vapeur; la première est destinée à faire monter l'eau de la rivière et à la déverser en douches sur les moutons qu'il s'agit de laver; l'autre sert à couper le bois destiné au chauffage des dissolutions de savon, et fournit en même temps la vapeur nécessaire à élever la température des bains où les victimes sont plongées. Les moutons arrivent d'abord dans de grandes cours de réception, où ils sont parqués méthodiquement; ils constituent la matière première de ce nouveau mode d'industrie. Quand l'eau a rempli les réservoirs, quand la vapeur a échauffé le liquide à la température convenable, quand la dissolution de savon a été préparée, on abat une herse, et huit ou dix moutons descendent par un chemin, alignés comme des soldats conduits au champ de bataille; ils pénètrent d'abord dans le réservoir à savon, où des ouvriers les frottent et les nettoient avec un soin scrupuleux. De là ils passent dans l'égouttoir, puis sont dirigés, par un plan incliné, dans un compartiment d'où ils arrivent enfin entre les mains des doucheurs. Ceux-ci les tournent et les roulent pendant quelques minutes sous un mince jet d'eau, d'où ils s'échappent aussi blancs que la neige des Alpes. Après cette opération, on les dirige dans la cour de séchage, puis on

FIG. 8. — COLON AUSTRALIEN RASSEMBLANT SES TROUPEAUX.

les conduit dans un vaste hangar où ils sont tondus. Dans la bonne saison, l'usine ne chaume pas, et le va-et-vient n'est jamais interrompu; des armées de bêtes à laine sont continuellement soumises à ce nettoyage préliminaire, et plus de deux mille moutons passent en douze heures dans les bains que nous venons de décrire. Il va sans dire que quand l'eau de savon est sale, on la remplace par de nouvelles dissolutions, et, grâce au système de déversement bien organisé, il ne faut guère plus de dix minutes pour renouveler complètement le liquide de tous les réservoirs savonneux, tièdes ou froids.

L'opération de la tonte n'est pas moins surprenante que celle du lavage; de véritables brigades de tondeurs saisissent les moutons, et les hommes, armés de grands ciseaux, rasent la laine avec une rapidité prodigieuse. Dans un atelier semblable à celui que nous décrirons, cent bons ouvriers enlèvent chacun la laine à vingt-cinq moutons par jour, ce qui fait en vingt-quatre heures un total de deux mille cinq cents moutons! Dans le mois, soixante mille bêtes à laine sont dépouillées, et leur toison, recueillie avec soin, est rangée sur de vastes étagères.

Le moment du lavage et de la tonte est fort solennel dans certaines régions de l'Australie; les « squatters », ou propriétaires de moutons, éprouvent alors une angoisse analogue à celle que ressentent nos agriculteurs à l'époque de la récolte. M. le comte de Beauvoir nous donne à cet égard des appréciations intéressantes, que nous ajouterons à notre tableau. « Une fois la laine à point, dit le jeune et spirituel voyageur, il faut agir en toute hâte, l'envoyer à Melbourne, et l'expédier sur le marché de Londres, pour profiter des premières demandes. L'embarras de nourrir tant de bêtes accumulées en un même point presse encore plus les « squatters » de ne pas marchander le nombre des bras; et si le beau temps paraît fixe, qu'ils ne perdent pas une si belle occasion. Les orages ont, en effet, causé bien des ruines après la tonte, et ceux qui ont agi trop lentement dans la belle saison, ont vu, à l'approche de l'automne, des milliers d'agneaux tués par les grêles de l'Australie, et les brebis, saisies par le froid sous des pluies de deux ou trois mois, mourir par centaines en quelques jours!

« Autant il faut avoir un corps de fer pour vivre exilé dans les prairies, toujours à cheval, sous les rayons brûlants du soleil, ou sous des pluies de deux mois, autant il faut au « squatter » une âme forte pour ne pas perdre courage devant d'affreux désastres. Il y a sept ans, à Thule, trois mille agneaux furent un jour tués par une trombe de grêle; en 1861, quinze mille brebis périrent de soif; en 1863, quatre mille cinq cents furent submergées par l'inondation. L'inconstance est la loi du temps en Australie. »

Malgré ces difficultés, malgré les obstacles que ces industriels rencontrent au milieu des prairies brûlantes, ils n'en jettent pas moins sur les marchés européens d'innombrables balles de laines qui, passant d'abord par les docks de Londres, se répandent dans toutes les nations du monde civilisé; ils contribuent en même temps à assurer à l'Australie sa prospérité dans le présent et sa prépondérance dans l'avenir.

TROISIÈME CAUSERIE

LES PIGEONS VOYAGEURS

L'usage des pigeons messagers se perd dans la nuit des temps. Sans parler de l'arche de Noé et de la colombe au rameau béni, nous rappellerons l'histoire de la première croisade, pendant laquelle le sultan de Damas envoya aux assiégés de la ville de Tyr un pigeon pour leur annoncer qu'une armée allait arriver à leur secours. Ce pigeon tomba entre les mains des croisés, qui enlevèrent le message léger attaché à la patte de l'oiseau, et le remplacèrent par un billet où ils faisaient dire au sultan de Damas que, vaincu et terrassé, il lui était impossible de venir délivrer la ville assiégée. Cette fraude a été imitée par les Prussiens avec les pigeons du ballon le *Daguerre*, pris par eux pendant le siège de Paris. Mais les soldats de Bismarck ne furent pas aussi habiles que les croisés, qui avaient su imiter l'écriture et le style des Sarrasins. Les pigeons du *Daguerre* apportèrent à Paris une lettre écrite en un français si ridicule, qu'il était impossible de prendre le change. En 1849, les Vénitiens assiégés se servirent avec succès des pigeons pour donner de leurs nouvelles en Italie; plus anciennement, en 1574, les messagers ailés avaient été utilement employés par les habitants de la ville de Leyde, investie par l'armée espagnole; mais jamais, dans aucun temps, ils ne jouèrent un rôle aussi considérable que pendant le siège de Paris.

Plusieurs personnes revendiquent aujourd'hui le mérite d'avoir créé à Paris le service des oiseaux messagers; nous croyons pouvoir affirmer en toute certitude que l'honneur des résultats acquis revient à M. Rampont, alors directeur des postes, et aux membres de la société colombophile *l'Espérance*, MM. van Roosebeke, Cassiers, etc., qui sont partis de Paris en ballon avec leurs oiseaux. Toutefois nous devons reconnaître, dans l'intérêt de la vérité, que, trois semaines avant l'investissement, M. Ségalas avait songé aux pigeons voyageurs, et qu'il avait même installé soixante de

FIG. 9. — TUYAU DE PLUME CONTENANT UNE DÉPÊCHE ATTACHÉE À LA QUEUE D'UN PIGEON VOYAGEUR.

ses élèves dans la tour de l'administration des télégraphes. Mais ce sont principalement les pigeons de la société *l'Espérance*, dont on soupçonnait à peine l'existence à Paris, qui ont fonctionné pendant la guerre.

La façon d'organiser le service était très simple. Les ballons emportaient de Paris les pigeons voyageurs, que l'on remettait, à Tours, à la direction des postes et des télégraphes. Là, les hommes spéciaux, MM. van Roosebeke, Cassiers, se chargeaient de lancer les pigeons à Orléans, à Blois, le plus près possible de Paris. Ils attachaient préalablement une dépêche à une des plumes de la queue de l'oiseau voyageur (fig. 9). Ces dépêches étaient formées de pellicules de collodion imaginées par M. Dagron et sur lesquelles on avait réduit des dépêches par des procédés de photographie microscopique. Ces dépêches, d'une écriture si fine qu'on ne pouvait pas la lire à l'œil nu (fig. 10), étaient agrandies par un appareil de projection lors de leur réception à Paris, et des calligraphes en prenaient copie : l'aile du pigeon messager était en outre munie d'un timbre qui indiquait la date de son départ (fig. 11).

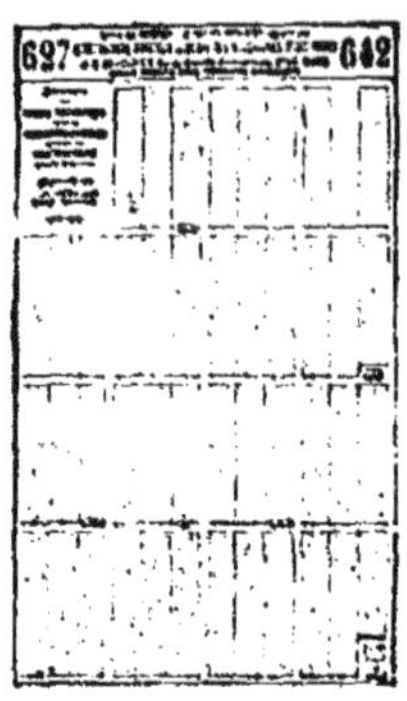

FIG. 10. — FAC-SIMILE D'UNE DÉPÊCHE PHOTOMICROGRAPHIQUE DU SIÈGE DE PARIS.

Avant le siège de Paris, il y avait déjà fort longtemps que des sociétés belges s'étaient préoccupées de l'élevage des pigeons voyageurs, et, avant l'apparition du télégraphe électrique, plus d'un spéculateur de Paris a profité des renseignements que lui donnaient les colombes en lui apportant avec une rapidité étonnante le cours de la bourse de Bruxelles. On ne se doutait pas alors du rôle que l'histoire réservait à ce service de la poste, généralement peu connu.

Tous les pigeons ne sont pas doués au même degré de cette faculté de revenir à leur colombier. Le pigeon voyageur est une espèce spéciale.

Certains pigeons voyageurs, nés dans un colombier et emportés au loin, ysont revenus d'un seul trait, sans éducation préalable. Mais ce fait est très rare ; on l'a même contesté. On dresse généralement les pigeons et on les habitue peu à peu à des voyages de plus en plus importants. On les élève dans un colombier et on leur laisse leur liberté; ils voltigent tout autour, et s'éloignent parfois à une distance assez considérable de leur asile ; il est probable que, dans ces promenades de chaque jour, ils apprennent à connaître les environs ; leur vue très perçante leur permet de retrouver certains points de repère pour s'orienter et se mettre dans la bonne voie pour le retour. Quand des pigeons ont vécu pendant quelque temps dans ces conditions, on les emporte dans des cages d'osier, à une dizaine de lieues de leur colombier, et on les lâche. La plupart rentrent au logis dans un espace de temps assez court. Quelques jours après, on les transporte à vingt lieues, puis à trente ou quarante lieues, et ainsi de suite en augmentant les distances. On arrive ainsi à pouvoir

FIG. 11. — TIMBRES MARQUÉS SUR L'AILE D'UN PIGEON VOYAGEUR.

lâcher à Bordeaux des pigeons voyageurs élevés à Paris ou à Bruxelles.

La vitesse du vol des pigeons voyageurs est très variable ; par un temps calme, ils font généralement douze ou quinze lieues à l'heure. Cette vitesse augmente ou diminue suivant qu'ils volent avec le vent, ou qu'ils sont obligés de remonter des courants aériens.

Un fait très remarquable est l'influence de la direction du vent sur le retour des pigeons. Ceux-ci s'égarent presque toujours quand règnent les vents d'est. Les vents du sud et du sud-ouest sont au contraire très favorables au vol de ces messagers.

Quand le temps est brumeux, quand il gèle et surtout quand la terre est couverte de neige, les pigeons voyageurs perdent leurs facultés; on comprend combien le froid si rigoureux de 1870-1871 mit d'entraves au service de la poste aérienne.

Trois cent soixante-cinq pigeons ont été emportés de Paris en ballon, et lancés sur Paris. *Il n'en est rentré que cinquante-sept*, savoir : quatre en septembre, dix-huit en octobre, dix-sept en novembre, douze en décembre, trois en janvier, trois en février. Quelques-uns d'entre eux se sont égarés pendant très longtemps; c'est ainsi que, le 6 février 1871, on reçut à Paris un pigeon qui avait été lancé le 18 novembre 1870. Il apportait la dépêche n° 26, tandis que celui de la veille avait apporté la dépêche n° 51. — Le 28 décembre, on reçut un pigeon qui avait perdu sa dépêche et trois plumes de sa queue. Il avait été sans doute atteint par une balle prussienne. Ce fait donne à croire que plusieurs de nos messagers du siège ont été tués par l'ennemi.

Les Parisiens n'oublieront jamais la joie que leur causait la vue d'un pigeon s'arrêtant sur les toits. Quel bonheur! disait-on, voilà des nouvelles de province! — Et l'on se perdait en suppositions et en commentaires. Nous devons toutefois faire observer à ce sujet que les pigeons voyageurs rentrent généralement tout droit au colombier, sans s'arrêter en route. Il est à supposer que pendant le siège les pigeons du jardin des Tuileries ont obtenu souvent un succès peu mérité.

Il existe à Paris, dans certains quartiers, notamment du côté des Halles, du Temple, des colombiers perchés sur les toits de vieilles maisons. Avant la guerre, nul ne soupçonnait l'existence de ces petits établissements privés qui ont contribué à assurer les communications de Paris avec la province. Ils ont pris de l'importance aujourd'hui, et souvent on procède au lâcher des pigeons voyageurs, sur le retour desquels on fait des paris (fig. 12).

Comment et en vertu de quelles facultés les pigeons voyageurs, portés au loin, parviennent-ils à retrouver leur domi-

FIG. 12. — LACHER DE PIGEONS VOYAGEURS.

cile de prédilection? Un grand nombre d'hypothèses ont été proposées pour répondre à cette question. — Les uns attribuent cette faculté à l'instinct; mais ce mot vide de sens contient un simple aveu d'ignorance. D'autres prétendent que le pigeon est doué d'une sensibilité dont nous ne pouvons nous faire la moindre idée, et qui lui permet de se guider d'après les différences de densité des diverses couches de l'air qu'il traverse[1]. D'autres enfin affirment que la mémoire du pigeon est extraordinaire, qu'il reconnaît les moindres objets qu'il a remarqués à la surface du sol, et que cette faculté, jointe à une vue perçante, lui permet de trouver des points de repère dans les pays qu'il traverse. Cette hypothèse n'explique pas comment l'oiseau messager revient au logis quand on le transporte, enfermé dans un panier, jusqu'à des localités très lointaines qui lui sont entièrement inconnues.

L'organisation du pigeon, dit le docteur Chapuis, est celle de tous les oiseaux en général ; c'est en quelque sorte la forme normale et typique de cette classe de vertébrés. Dans la série naturelle des êtres, les pigeons forment le passage des passereaux aux gallinacés ; ils tiennent des premiers par leur vol soutenu, et des seconds par la facilité avec laquelle ils marchent sur la terre.

Sous le rapport de l'ouïe et de la vue, le pigeon est certainement très bien doué ; mais ce n'est assurément pas à l'aide de l'ouïe qu'il s'oriente, et d'autre part, en supposant sa vue aussi perçante que l'on voudra, on n'arrivera pas encore à s'expliquer d'une façon satisfaisante son étonnante sagacité pour s'orienter.

En effet, il est manifeste, par exemple, que, lorsqu'il s'agit de grandes distances, la courbure de la terre est un obstacle invincible à la portée de la vue. Quand un navire s'éloigne en pleine mer, on le voit peu à peu disparaître à l'horizon, où il semble s'enfoncer ; il se trouve véritablement caché derrière une sorte de dôme qui oppose à l'œil une barrière comparable à celle d'une colline. Si l'on s'élève dans l'atmosphère,

1. *Le Pigeon voyageur et son instinct d'orientation*, par T. Chapuis. Verviers, 1868.

la portée de la vue augmente, mais elle n'atteint pas encore des distances bien considérables. Ainsi, du sommet du mont Blanc, qui est situé à 4800 mètres au-dessus du niveau de la mer, si l'on trace un cercle dont la circonférence passera à Dijon, on aura tout le panorama que l'œil peut embrasser.

En supposant donc que le pigeon puisse s'élever à la hauteur de 4800 mètres, et en admettant que sa vue ait une portée aussi grande que celle de l'homme aidée des meilleurs instruments d'optique, son horizon dans une direction déterminée ne s'étendrait pas à une distance plus grande que la ligne qui sépare Dijon du sommet du mont Blanc, c'est-à-dire à 52 lieues (de 4 kilomètres). Mais le pigeon, dans le cours de ses pérégrinations, ne soutient pas son vol à cette hauteur; il s'élève à peine au quart, donc son horizon doit être bien plus restreint.

En concédant même, ajoute le docteur Chapuis, que dans les temps ordinaires son œil pût lui donner une perception distincte des objets situés à 20 ou 25 lieues de distance, on ne saurait raisonnablement soutenir qu'il en soit de même lorsqu'il est éloigné de 250 à 300 lieues de son colombier. — Il semble donc évident que le pigeon est doué de certaines facultés spéciales dont nous sommes incapables de soupçonner le pouvoir. Il faut reconnaître, d'ailleurs, que ces facultés singulières sont également propres à un très grand nombre d'animaux.

Les chiens sont très remarquables sous ce rapport. Une personne habitait une maison de campagne aux environs de Lyon, et avait un chien qui vivait avec elle depuis plusieurs années. Cet animal fut donné à quelqu'un qui demeurait à plus de trente lieues de distance; il fut emmené en chemin de fer. Vingt-quatre heures après, le chien était revenu à son premier logis.

Les pigeons voyageurs, par l'exercice, par l'entraînement, acquièrent une habitude du voyage qui tient du prodige.

Certains de ces oiseaux exercés à revenir au colombier, quand ils étaient lâchés successivement à 20 lieues, à 40 lieues, c'est-à-dire à des distances de plus en plus considérables, ont pu, après avoir été transportés de Bruxelles à Madrid par chemin de fer, revenir d'un seul vol de la capitale de l'Espagne à celle de la Belgique. Pour exécuter ces longs voyages, il faut que le pigeon ne soit pas jeune, qu'il ait acquis de l'expérience par des pérégrinations souvent répétées. « Il peut arriver fréquemment, dit M. Chapuis, dans les voyages de longs cours, que le pigeon soit obligé de passer plusieurs nuits hors de sa demeure habituelle, qu'il se voie contraint de chercher sa nourriture; et ce pauvre voyageur égaré est exposé à tant d'ennemis divers, qu'il doit user de la plus extrême prudence pour échapper à leurs atteintes. Tous les amateurs sont unanimes à cet égard, et ils affirment que si les vieux pigeons, ceux qui ont pris part à de nombreux concours, parviennent à regagner leur gîte, cela tient à la manière dont ils s'abritent pour passer la nuit, et à la facilité avec laquelle ils savent découvrir leur nourriture. »

L'habitude du voyage rend encore le pigeon habile à éviter les oiseaux de proie, qui saisissent assez souvent au passage les jeunes messagers ailés, peu accoutumés aux périls de la route. Il n'est pas, du reste, impossible de venir en aide aux pigeons; pour cela on les munit d'appareils qui font fuir leurs ennemis. Les Chinois, par exemple, ont recours à un procédé ingénieux. Ils attachent à la queue de l'oiseau un petit système de tuyaux en bambou fort léger, qui forment sifflet sous l'influence d'un courant d'air énergique. Un voyageur, M. P. Champion, nous a donné à ce sujet de curieux renseignements.

Quand on se promène aux environs de Pékin, on est étonné d'entendre dans l'air des sifflements aigus et prolongés; or on ne voit au-dessus de soi qu'une nuée de pigeons qui traversent le ciel. Ce concert de sifflets diminue d'intensité à mesure que les oiseaux s'éloignent, et on est alors tenté de l'attribuer au chant particulier de ces messagers ailés. Il n'en est rien cependant : ce bruit strident, tout artificiel, est produit par des sifflets attachés à la queue des pigeons. Ces instruments fonctionnent par le déplacement de l'air, ils produisent un bruissement énergique peu harmonieux, qui effraye et tient éloignés les oiseaux de proie. Les sifflets em-

FIG. 13. — SIFFLET CHINOIS ATTACHÉ AU CORPS D'UN PIGEON VOYAGEUR POUR LE PRÉSERVER DES OISEAUX DE PROIE.

ployés à cet usage sont fabriqués avec des courges ou avec de petits morceaux de bambou superposés ; ils forment un ou plusieurs tuyaux dans lesquels on ménage des ouvertures à l'aide de lamelles ténues (fig. 13). Quand l'air s'y engouffre, il est soumis à une série de vibrations qui se traduisent par des sons. Ces instruments, dont nous donnons un type exact, sont très légers, et ne pèsent que quelques grammes ; on les attache à la naissance de la queue des pigeons, au moyen de fils qui passent sous les ailes. Pour garantir ces sifflets de la pluie ou de l'humidité, on les enduit d'une couche de vernis solide.

QUATRIÈME CAUSERIE

LES VOLCANS

ÉRUPTIONS DE L'ETNA ET DU VÉSUVE

L'Etna, ce mont si célèbre, qui domine la belle province de Catane au milieu d'une végétation luxuriante, ce volcan que Pindare appelait « la colonne du ciel », le Vésuve, tout aussi célèbre que l'Etna, se sont réveillés tout à coup en 1878, après un long repos.

C'est dans le sein de l'Etna que furent engloutis, au dire de la fable, les géants Encelade et Typhon; c'est au fond de son cratère que Vulcain et les cyclopes forgeaient les foudres de Jupiter. C'est l'Etna qui a englouti sous des torrents de feu Naxos, Inessa, Hybla, villes florissantes qui étaient autrefois la gloire de la Sicile.

En 1183, il donna la mort à quinze mille hommes, qui étaient venus bâtir sur ses flancs verdoyants des villages et des hameaux; en 1609, en 1693, il vomit de toute part des laves et des matières incandescentes : ces deux dernières éruptions, les plus terribles de toutes, ensevelirent sous des fleuves de feu près de quatre-vingt mille hommes, et peu s'en fallut même que Catane ne fût détruite (fig. 14). En 1754, en 1766 et en 1771, d'autres éruptions offrirent des spectacles pleins d'horreur et de majesté. Nos gravures donnent une idée de la diversité d'aspect de ce phénomène (fig. 15, 16 et 17). En 1800, en 1830, en 1843, le sol de la Sicile fut encore soumis à quelques tremblements, causés par l'effervescence des feux souterrains auxquels l'immense cratère offre une issue toujours ouverte. Mais depuis longtemps les éruptions successives diminuaient d'intensité, et l'Etna, qui avait causé tant de désastres, semblait vouloir se reposer au milieu des

FIG. 16. — COULÉE DES LAVES DE L'ETNA SUR CATANE EN 1669.

ruines qu'il avait faites, comme un guerrier qui s'endormirait parmi les cadavres qu'il vient d'amonceler autour de lui.

Le 30 janvier (1865), on entendit dans le sein du volcan un roulement terrible accompagné d'un léger tremblement de terre (fig. 18) : le flanc oriental de la montagne s'ouvre en se crevassant; l'air est obscurci par des flots de fumée, de cendres et de pierres qui jaillissent de l'énorme gouffre;

une rivière de lave est vomie par cette plaie béante, et ne tarde pas à inonder les plaines environnantes.

La fureur de l'Etna va sans cesse alors en augmentant; six bouches sont ouvertes et vomissent sans relâche des matières volcaniques. Des paysans gémissent et pleurent devant ce spectacle de destruction, en voyant peu à peu dispa-

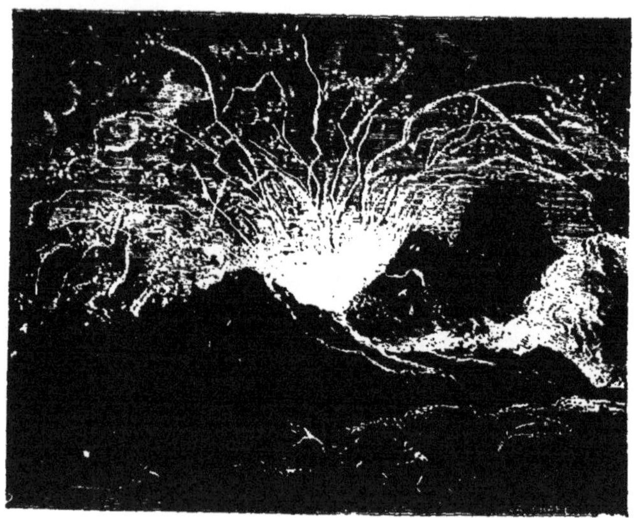

FIG. 15. — ÉRUPTION DE L'ETNA EN 1754.

raître leurs champs couverts de moissons, leur demeure, leur chaumière, leur pain; ils perdent tout en quelques instants.

Le 3 février 1865, M. Viotti, accompagné de quelques autres hardis explorateurs, résolut de se rendre sur le théâtre du sinistre. Voici la description qu'il a donnée de cette effroyable éruption : « Arrivés au pied de la colline de Colla-Grande, nos guides refusèrent d'aller plus loin; nous les laissâmes, et je marchai le premier à la lueur des laves ardentes, que nous côtoyions à une distance de quelques mètres. Nous atteignîmes ainsi le vallon de Colla-Grande. Il était

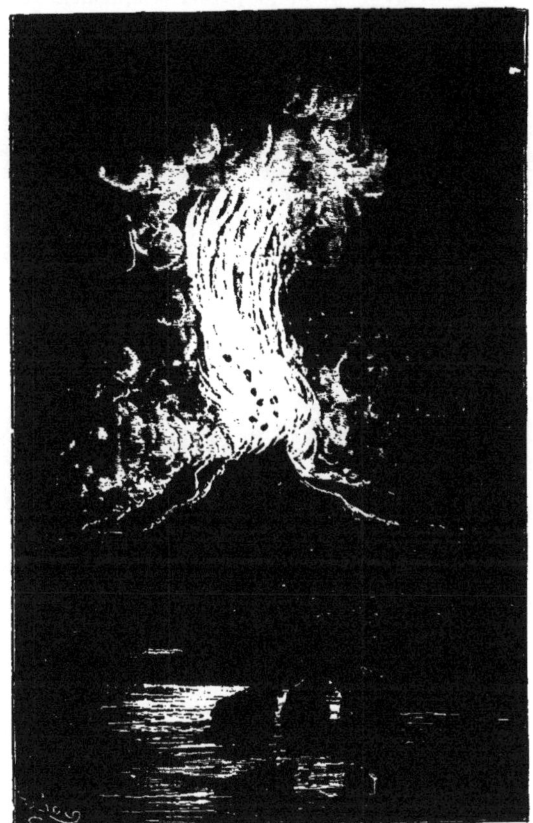

FIG. 16. — ÉRUPTION DE L'ETNA EN 1766.

quatre heures du matin. Un spectacle aussi effrayant qu'imposant s'offrait à nos yeux. Un torrent de feu, large de 60 à 200 mètres, descendait avec une rapidité de 6 mètres par minute, entraînant à sa surface des blocs d'un volume considérable. »

M. Viotti ajoute qu'un perpétuel craquement se faisait entendre parmi cette mer de lave, au milieu de laquelle se dressaient des mamelons incandescents. Des pins transportés

FIG. 17. — ÉRUPTION DE L'ETNA EN 1771, FORMATION D'UNE CASCADE DE FEU.

sur cette masse mouvante s'enflammaient tout à coup et jetaient aux alentours de sinistres clartés.

C'est près du grand cratère, dont la circonférence est de 400 mètres, que le spectacle se montrait dans toute sa majesté. Les détonations se succédaient : des nuages de fumée, des colonnes de lave jaillissaient dans l'espace, soulevant à une hauteur de 300 mètres d'énormes blocs de rochers.

La rapidité moyenne de la lave était de 10 mètres par

minute, et son volume, d'environ 8 millions de mètres cubes par jour. En une seule nuit, la vallée de Colla-Grande a été couverte d'un immense lac igné qui n'a pas moins de 60 mètres de profondeur.

Ainsi la belle province de Catane voit parfois jaillir de l'Etna des torrents de lave qui s'avancent comme une marée brûlante, détruisant tout sur leur passage; les villages bâtis au flanc même de la montagne, comme si, une fois la cata-

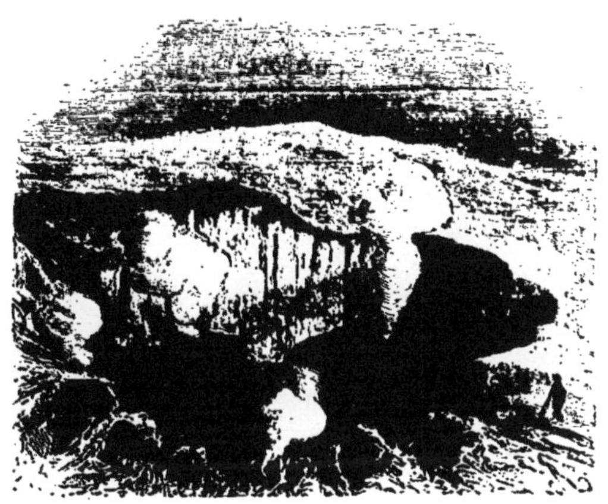

FIG. 18. — LE CRATÈRE DE L'ETNA AVANT L'ÉRUPTION DE 1865.

strophe passée, l'homme se plaisait à oublier qu'elle se renouvellera certainement, sont engloutis sous les scories et sous les cendres, et rien n'annonce que l'éruption soit à la veille d'apaiser sa fureur.

En 1879, l'Etna s'est réveillé encore, mais les feux lancés ne tardèrent pas à diminuer d'intensité après une première éruption et finirent par disparaître tout à fait.

Le Stromboli, voisin de l'Etna, jette au contraire continuellement dans l'espace des lueurs plus ou moins intenses qui guident le navigateur pendant la nuit (fig. 19).

Il faut pardonner aux volcans les dangers auxquels ils exposent le voisinage, en songeant aux services qu'ils rendent à la sécurité du monde entier. Que deviendrait notre globe, si les feux souterrains, toujours enfermés dans la croûte terrestre, n'avaient jamais d'issue, et si des volcans, ou, suivant l'expression imagée de Humboldt, des soupapes de sûreté n'avaient été réparties dans les pays les plus exposés aux terribles effets de la chaleur centrale?

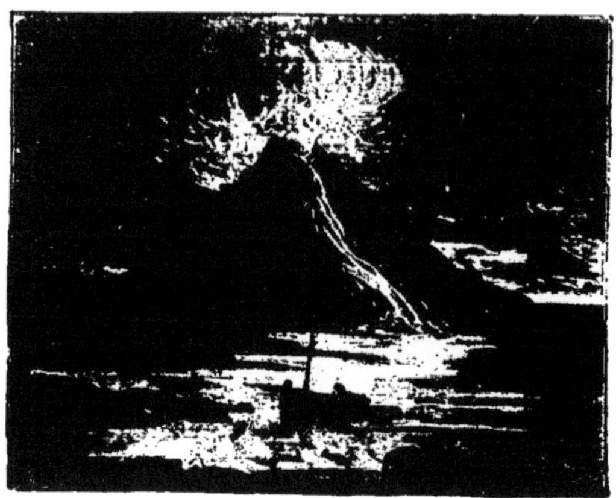

FIG. 19. — VUE DU STROMBOLI.

La terre serait toujours à la veille d'éclater, de faire explosion, et elle n'aurait peut-être à parcourir son orbite que pendant un petit nombre de tours, sans ces nombreuses cicatrices toujours prêtes à s'ouvrir pour offrir un passage aux laves, aux gaz et aux vapeurs. Si nombreux et si vastes que soient ces orifices béants, ils ne suffisent pas toujours à prévenir les bouleversements dus aux agitations des agents plutoniens, quand la marée de feu qui mugit sous la couche terrestre est plus terrible que de coutume.

Ainsi les orifices ouverts par la lave du Vésuve en 1855 (fig. 20 et 21) eurent beau donner une issue à des tourbillons de fumée et de cendres, couturer la montagne de nombreuses incisions d'où jaillissaient d'effroyables coulées; ils eurent beau en rider les flancs par de nombreuses cicatrices, ils ne purent sauver la Calabre du tremblement de terre qui causa

FIG. 20. — LE VÉSUVE AVANT L'ÉRUPTION.

la mort de plus de trente mille personnes et épouvanta l'Europe.

Les volcans, qui offrent un intérêt mêlé d'effroi, ont été l'objet des études d'un grand nombre de savants. On n'explique pas encore aujourd'hui leur formation et la cause de leurs éruptions d'une manière complète. On a étudié les produits que vomissaient les cratères, et ces dernières années, MM. Deville et Fouqué, au moyen d'appareils ingénieux, purent emprisonner les vapeurs dégagées lors d'une éruption du Vésuve.

Une fois que les vapeurs volcaniques sont enfermées dans

les tubes scellés à la lampe, elles appartiennent à la science. On peut les transporter dans les laboratoires, les analyser et les étudier.

Lors du paroxysme de l'explosion, le volcan lance dans l'atmosphère d'abondantes fumées d'acide chlorhydrique. A ce gaz succèdent généralement l'acide sulfhydrique et l'acide sulfureux, puis enfin l'acide carbonique, gaz irrespirables et méphitiques qui donneraient la mort à quiconque s'avancerait

FIG. 21. — ÉRUPTION DU VÉSUVE EN 1855.

trop près du cratère. On comprend que l'examen des matières vomies par un volcan est d'une grande importance, et peut amener à connaître les réactions chimiques qui se passent dans ces immenses creusets de la nature. Nous n'insisterons pas sur ce point, mais nous voulons dire quelques mots des éruptions sous-marines qui ont souvent eu lieu à des époques très rapprochées de nous, et qui viennent confirmer les hypothèses de la science sur l'existence d'un feu central au-dessous de la couche terrestre superficielle.

En 1796, à environ dix lieues de la pointe septentrionale d'Unalaska, une des îles Aléoutiennes, on vit s'élever une colonne de feu du sein de la mer; puis apparut, au milieu des eaux, un point noir d'où jaillit une pluie de matières incandescentes. Le phénomène continua pendant des mois, et l'île augmenta d'étendue de jour en jour; en 1806, elle offrit un cône immense, sur lequel s'en dessinèrent plusieurs autres d'une plus petite dimension.

La Méditerranée nous offre encore un remarquable exemple de ces singuliers phénomènes. Dans l'espace compris entre les îles Santorin, Therasia, etc., qui parurent à la surface de la mer plusieurs siècles avant notre ère, s'élevèrent successivement quelques îlots volcaniques. Les îles Milo, Argenterie, Polino, Paros ont une origine plutonienne, et les historiens anciens racontent leur curieuse formation. Une foule de phénomènes de ce genre confirment les récits de Plutarque, de Justin, de Pline et de Strabon, qui nous rapportent l'apparition de l'île de Hiera au milieu des flammes et d'une vive ébullition de la mer.

Les volcans, en donnant un libre débordement aux fleuves incandescents échappés des entrailles de notre globe, les tremblements de terre, en soumettant le sol à d'effroyables convulsions, nous démontrent, souvent avec trop d'énergie, que les forces mystérieuses qui ont dessiné le relief des continents sont toujours en action et travaillent encore sous nos pieds. N'y a-t-il pas lieu de s'inquiéter à l'idée des cataclysmes qui nous menacent? Est-il impossible que des montagnes volcaniques surgissent de nouveau, en prenant la place occupée jusque-là par des plaines?

S'il est probable que la terre restera assez longtemps intacte pour que les œuvres de notre civilisation puissent longtemps se développer, on ne peut cependant cesser complètement de redouter un bouleversement immédiat sur un point déterminé de notre planète. Et quand on voit en action ces forces formidables qui soumettent les montagnes à des déchirements terribles, on est effrayé de sa propre faiblesse devant la puissance de la nature.

« L'homme n'est qu'un roseau, a dit Pascal, le plus faible de la nature, mais c'est un roseau pensant. Il ne faut pas que l'univers entier s'arme pour l'écraser. Une vapeur, une goutte d'eau suffit pour le tuer. Mais quand l'univers l'écraserait, l'homme serait encore plus noble que ce qui le tue, parce qu'il sait qu'il meurt ; et l'avantage que l'univers a sur lui, l'univers n'en sait rien. »

CINQUIÈME CAUSERIE

LES PERTURBATIONS ATMOSPHÉRIQUES.

LE TONNERRE.

Rien n'est plus imposant que le spectacle d'un orage. Les nuages épais qui obscurcissent le ciel; le sourd grondement du tonnerre dont les échos redoublent le sinistre fracas, les éblouissantes clartés qui jaillissent avec l'éclair, la foudre qui trace dans la voûte du firmament des zigzags de feu, et qui s'élance en longs traits lumineux comme le terrible messager de la destruction et de la mort, ont de tout temps frappé l'imagination des hommes et exercé sur eux une profonde influence.

Les anciens, dont l'esprit était engourdi par les préjugés qui ont souvent jeté un voile sur la science naissante, regardaient le tonnerre comme un attribut des dieux de l'Olympe et ils voyaient dans ce phénomène la colère du ciel. Les législateurs et les prêtres de l'antiquité profitèrent d'un fait naturel qui donnait du poids à leur autorité; ils retinrent les peuples dans l'erreur qui leur était si favorable, puisqu'elle leur permettait de les conduire par la crainte en se servant des météores pour imposer leur volonté, et en faisant parler le ciel pour appuyer leurs desseins politiques. Aussi voit-on l'origine divine du tonnerre apparaître à l'aurore des civilisations et au berceau de chaque peuple, pour prendre racine dans les esprits avec une invincible constance.

Lucrèce, en expliquant le tonnerre par le choc des nuages les uns contre les autres, protesta contre cet antique préjugé, mais son sentiment n'opposa qu'une faible barrière à l'erreur, et la *superstition passa par-dessus* l'opinion du poète sceptique.

C'est au XVIe siècle seulement que les hommes, éclairés par les saines lumières de la science, devenus moins crédules et plus observateurs, se hasardèrent à envisager ce terrible météore.

L'immortel Descartes souleva le premier la question; mais *bien des années devaient* encore s'écouler avant qu'on parvînt à trouver le mot de l'énigme, avant que le tonnerre pût être inscrit sur la liste des phénomènes électriques.

Descartes et Boerhaave donnèrent des théories très compliquées de la formation du tonnerre. Boerhaave se signale par un raisonnement suivi, mais il ne tarde pas à s'égarer dans des hypothèses dont il est inutile de démontrer l'inanité. Cependant ses idées prévalurent; on admit avec lui que le tonnerre est dû à la réaction d'un mélange de nitre, de soufre, de fer, de matières huileuses et combustibles qui s'échappent de la terre pour s'amonceler dans les airs. Cette explication du tonnerre, qui semble absurde aujourd'hui, parut alors très plausible; elle devint la théorie dominante, l'opinion classique, et suffit à contenter l'esprit des savants jusqu'au milieu du XVIIIe siècle.

Dès que l'on eut découvert l'étincelle électrique, on soupçonna la véritable cause du tonnerre. Wall, et plus tard Gray, comparèrent l'éclat de l'étincelle électrique à celui de l'éclair, et le bruit qui l'accompagne à celui du tonnerre, sans toutefois avoir eu d'autre intention que de faire un rapprochement curieux. La même idée est formulée plus nettement par Nollet; il fait connaître les motifs qui lui font supposer que le tonnerre a pour cause l'électricité, et que les effets merveilleux qu'elle engendre entre nos mains ne sont

« que des petites imitations de ces grands effets qui nous effrayent, et que tout dépend du même mécanisme ».

Quelques conjectures, quelques rapprochements heureux, étaient les seuls résultats auxquels on eût atteint, quand Franklin, en observant le tonnerre, en étudiant les phénomènes électriques, mit en parallèle les effets naturels et ceux qu'il obtenait artificiellement. Armé d'une bouteille de Leyde, il parvint à fondre des fils de métal par sa décharge, et à enlever la dorure d'un cadre en bois sans détériorer le bois. Il se rappela que la foudre fond de même l'argent dans une bourse qu'elle laisse intacte, et le fer d'un javelot sans détruire le bois. Doué d'une admirable sagacité, d'une large conception, il sentit qu'il touchait du doigt la vérité; ses derniers doutes se dissipèrent et il acquit la certitude que le tonnerre est d'origine électrique. En faisant jaillir l'étincelle d'une bouteille de Leyde, il comprit qu'il rivalisait avec le ciel; en observant la lueur qui s'en échappe, le bruit qu'elle fait entendre et les effets qu'elle produit, il eut la persuasion qu'il avait sous les yeux l'imitation de l'éclair, du tonnerre et de la foudre.

Cependant il fallait à cet esprit positif des preuves plus irrécusables encore; il voulut constater la présence de l'électricité dans les nuages orageux, et il travailla à faire évanouir le dernier brouillard qui troublait encore ses idées.

Il venait de découvrir le pouvoir des pointes et il pensa que l'on pourrait, avec le secours d'une pointe métallique, soutirer l'électricité condensée dans un nuage orageux. Il conçut l'idée de lancer dans les nuages un cerf-volant en soie, muni d'une tige métallique.

C'est en 1752 qu'il procéda à cette expérience. Craignant le ridicule qui s'attache à l'insuccès, il sortit de Philadelphie accompagné seulement de son jeune fils, et dès qu'il fut loin de la ville, il plaça à contre-vent le cerf-volant qui ne tarda pas à s'élever au milieu des nuages. Il n'obtint d'abord aueun résultat ; mais la pluie qui tombait alors ayant mouillé la corde, il vit des filaments de chanvre se dresser. Approchant aussitôt la main d'une clef qui s'y trouvait suspendue, ce fut avec une bien vive émotion qu'il vit jaillir une première étincelle.

Un pas immense venait d'être fait dans la science de la météorologie, et cette expérience, qui conduisit Franklin à la découverte du paratonnerre, allait faire de lui un des bienfaiteurs de l'humanité.

Les travaux de Franklin sur l'électricité eurent en Europe un immense retentissement.

Ces travaux, formulés dans un manuscrit, eurent la fortune de rencontrer le patronage d'un de nos plus grands naturalistes. La traduction des *Lettres de Franklin* tomba entre les mains de Buffon, qui comprit immédiatement la valeur de cet ouvrage : il appuya les nouvelles hypothèses de toute l'autorité de son génie, et excita un physicien, nommé d'Alibard, à réaliser l'expérience conçue par Franklin. D'Alibard établit dans la plaine de Marty-la-Ville une barre de fer de quatorze mètres de hauteur terminée par un tabouret isolant. Le 10 mai 1752, il put tirer des étincelles du pied de la barre pendant le passage d'un nuage orageux.

Il résulte de ces expériences que les nuages orageux contiennent de grandes quantités d'électricité, ce qui met hors de doute l'origine du tonnerre, en rendant très facile l'explication de l'éclair et de la foudre.

L'éclair est une immense étincelle électrique partant entre deux nuages. Il affecte la forme en zigzag de l'étincelle, il en a la couleur; il en a l'instantanéité.

Les physiciens admettent l'existence de deux espèces d'électricité, l'une appelée *positive*, l'autre *négative*. Les deux électricités s'attirent.

Si donc deux nuages électrisés, l'un négativement, l'autre positivement, sont en présence, ils s'attireront, en produisant une lumière éclatante qui est l'éclair, et un bruit formidable qui constitue le tonnerre. La lumière parcourant l'espace avec une vitesse incomparablement plus grande que ne le fait le son, l'éclair est perçu par nos sens avant le tonnerre. Pour donner une idée de la différence de marche du son et de la lumière, on a calculé que la lumière parcourt en une se-

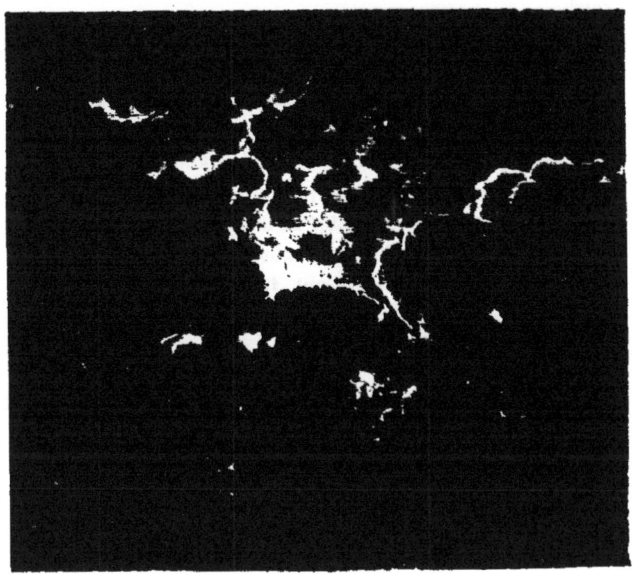

FIG. 22. — ÉCLAIR DE CHALEUR.

conde le chemin que le son met en trois heures quarante minutes à parcourir.

C'est ce qui explique pourquoi les *éclairs de chaleur*, qui forment souvent comme une illumination subite derrière les nuages (fig. 22), ne sont accompagnés d'aucun roulement de tonnerre; c'est qu'ils sont dus à des décharges électriques lointaines dont le bruit ne parvient pas jusqu'à l'observateur et dont la lumière, au contraire, en se réfléchissant dans les nuages, est perçue à des distances quelquefois considérables.

Quand un nuage électrisé est rapproché de la terre, il décompose par influence l'électricité neutre du sol : les deux électricités de nom contraire mises en présence se joignent à travers l'air, et le point du sol où aboutit l'étincelle est *foudroyé*.

Rien n'est plus capricieux que la foudre. Ses effets sont des plus variés et des plus inattendus; quelquefois même ils semblent tenir du prodige. Dans notre prochaine causerie nous ferons l'histoire de la foudre, et nous verrons aussi comment on peut se préserver de l'action redoutable de ce météore.

Les résultats acquis par la physique moderne ont permis, grâce au paratonnerre, d'éviter sa terrible influence, en même temps qu'ils ont expliqué la cause de ces phénomènes qui pendant tant de siècles ont troublé l'imagination des hommes.

SIXIÈME CAUSERIE.

LES EFFETS DE LA FOUDRE ET LES MOYENS DE S'EN GARANTIR

Les effets de la foudre sont semblables à ceux que les physiciens produisent avec l'étincelle des machines électriques ; seulement ils sont d'une intensité beaucoup plus considérable : la foudre est à l'étincelle ce que la puissance de la nature est à la faiblesse de l'homme.

La foudre fond les métaux qui se trouvent dans nos habitations, tels que des cordons de sonnette, des chaînes en fer et même les cloches d'une grande dimension ; elle se plaît souvent à produire les effets les plus singuliers, comme de mettre en fusion une épée sans altérer le fourreau qui l'entoure. Quand elle frappe certains terrains sablonneux, elle fond le sable, en formant un tube vitrifié qui prend l'aspect d'un vaste cylindre, atteignant quelquefois une hauteur de 10 mètres et un diamètre de 1 mètre. Ces *fulgurites* ou *tubes fulminaires*, qu'on a souvent observés dans différents pays, ont été considérés pendant longtemps comme des incrustations formées autour de racines qui auraient disparu plus tard. Mais on a depuis saisi la nature sur le fait, et d'ailleurs, en déchargeant la grande batterie du Conservatoire des arts et métiers à travers des couches de verre pilé, on a reproduit ce phénomène, ce qui a fait disparaître toute incertitude sur la cause qui le produit.

La foudre brise les corps qui ne sont pas bons conducteurs de l'électricité : les pierres sont pulvérisées ou volent en éclats, les poutres se séparent en fragments menus, les arbres sont calcinés et fendus, divisés en feuillets qui tombent facilement en poussière au moindre choc, les murs sont perforés, souvent même renversés ou détériorés. En 1762, le tonnerre tomba en Cornouailles; il démolit la tourelle d'une église, et projeta à 55 mètres de distance une pierre qui pesait plus de 100 kilogrammes. Des personnes foudroyées ont quelquefois été lancées à des distances de 30 mètres. En 1852, à Cherbourg, un bas mât de vaisseau, frappé par la foudre, fut lancé dans l'espace avec une telle violence, qu'il traversa, comme l'aurait fait un boulet de canon, une cloison en chêne, située à 80 mètres de distance.

En 1809, près de Manchester, un mur du poids de 26000 kilogrammes fut arraché de ses fondations et déplacé de 3 mètres.

Le 3 août 1852, le navire *Moïse*, dans son passage d'Ibraïl à Queenstown, fut surpris à Malte par un orage terrible. A minuit, un coup de foudre le fendit en deux (fig. 23); tout l'équipage périt et le *Moïse* sombra en moins de trois minutes.

Douée d'une puissance mécanique si énergique, la foudre est capable de produire des réactions chimiques; elle agit sur les corps qui s'offrent à son passage, et les décompose ou les combine les uns avec les autres.

L'éclair, qui jaillit dans l'atmosphère, unit l'azote et l'oxygène de l'air pour former de l'acide azotique. Ce fait explique la présence de ce dernier acide dans les eaux de la pluie. On attribue la formation du salpêtre naturel ou azotate de potasse à la présence de l'acide nitrique qui existe dans l'air, M. Boussingault a en effet constaté, en Amérique, que le salpêtre se forme avec une abondance d'autant plus grande que les orages sont plus fréquents. Ainsi le tonnerre serait la cause de la production du salpêtre que l'homme emploie pour

FIG. 23. — LE NAVIRE « MOÏSE » FENDU EN DEUX PARTIES PAR UN COUP DE FOUDRE.

fabriquer la poudre à canon, cette autre foudre dont il fait un si terrible usage.

Sans parler des effets magnétiques de la foudre, qui amènent des perturbations dans l'aiguille de la boussole, ou qui donnent la propriété de l'aimant à des masses d'acier, nous arriverons à une de ses actions les plus redoutables, en exposant avec un peu plus de détails les effets qu'elle exerce sur l'homme et les animaux.

L'homme et les animaux atteints par la foudre sont renversés, blessés ou tués. Quelquefois le cadavre est intact, et aucune marque extérieure n'atteste le passage du terrible météore; plus souvent de longs sillons où la peau est enlevée, des plaies d'où jaillit le sang, des brûlures, des perforations se font voir dans les différentes parties du corps. Congestion du cerveau, épanchement du sang hors des vaisseaux, voilà les effets produits intérieurement.

Les personnes foudroyées sont jetées violemment à terre, sans entendre le bruit du tonnerre, sans apercevoir l'éclat de l'étincelle, comme l'ont attesté celles qui sont revenues à la vie. Quand la foudre s'élance au milieu d'une foule, elle frappe de préférence certains individus, ce qui tient peut-être à leur organisation. Quelques personnes ont l'épiderme assez épais pour arrêter la décharge d'une bouteille de Leyde, ce qui pourrait les défendre du feu céleste, à peu près comme l'ont souvent fait les vêtements en soie ou en caoutchouc.

Le fluide électrique passe fréquemment entre les vêtements et la surface du corps; il suit sans doute la couche d'air rendue humide et conductrice par la transpiration; il brûle intérieurement ces vêtements sans les endommager extérieurement, et s'attaque surtout aux métaux. Les montres fondues dans la poche, les clous des souliers enlevés, ne sont ni des contes, ni des fables : ces faits ont été souvent constatés.

On a cité des exemples curieux où le tonnerre s'est présenté sous l'aspect d'une boule de feu, comme le montre notre fig. 24.

Ce phénomène a été observé impunément par des paysans, le 10 septembre 1845, dans une grange du village de Salagnac (Creuse). Ce globe de feu roula devant les témoins qui se sauvèrent et alla foudroyer un porc dans une étable voisine ; il avait traversé de la paille sans y mettre le feu.

La foudre est quelquefois inoffensive, quelquefois même

FIG. 21. — LE TONNERRE EN BOULE.

elle se signale par des bienfaits. En 1762, à Kent, le pasteur Winter, paralysé depuis un an, recevant une violente commotion due à la foudre qui traversait sa chambre, fut radicalement guéri. En 1819, à Niort, un malade, atteint depuis plusieurs années d'un rhumatisme aigu, vit le mal s'évanouir comme par enchantement, après avoir été renversé par le tonnerre.

On cite encore des effets remarquables produits par la foudre, qui est capable de produire des images photo-électriques, en jouant ainsi le rôle d'un photographe d'un nouveau genre.

En 1865, dans le département du Loiret, deux ouvriers abrités sous un poirier en temps d'orage furent atteints par la foudre. L'un d'eux, renversé par le fluide, tomba évanoui, et on le transporta dans cet état à sa demeure : chose merveilleuse, une branche de poirier était daguerréotypée sur sa poitrine.

D'après des calculs de statistique faits avec le plus grand soin, on a établi une moyenne de soixante-treize personnes tuées annuellement en France par l'action de la foudre.

Les chances que l'on a d'être foudroyé sont donc assez insignifiantes pour qu'il ne soit pas nécessaire de se croire en danger de mort chaque fois qu'une étincelle électrique jaillit entre deux nuages. Cependant nous croyons utile de faire connaître quelques précautions à prendre en temps d'orage.

Dans l'antiquité, on avait de singuliers moyens de se défendre des effets du tonnerre. Pline affirme que le laurier n'est jamais frappé par la foudre ; aussi cette plante était souvent employée pour entourer les temples ou les maisons et les protéger en temps d'orage. On croyait de son temps que la foudre ne descendait jamais à plus de cinq pieds sous terre, et l'histoire nous rapporte que l'empereur Auguste se sauvait au fond de ses caves dès que le grondement du tonnerre se faisait entendre ; on croyait encore que les peaux de phoques étaient un excellent préservatif contre le feu du ciel, et que les personnes couchées n'étaient jamais frappées par la foudre.

Cette dernière assertion est encore admise dans les campagnes, et plus d'une personne pusillanime s'est enfouie sous un matelas pour échapper à la fureur du tonnerre.

Quand l'éclair illumine le ciel au milieu des nuages épais,

quand la foudre gronde, il faut éviter, si l'on est hors des villes, de se mettre à l'abri sous des arbres isolés, car ils sont souvent foudroyés, ou contre des clochers, car ils le sont plus souvent encore.

Cardan rapporte que huit moissonneurs prenant leur repas sous un chêne furent frappés tous les huit en même temps par un coup de foudre, et qu'ils se trouvèrent pétrifiés par la mort, dans la position même où ils se trouvaient une seconde auparavant. (Voyez le frontispice.)

En temps d'orage, les personnes réunies dans les églises dépourvues de paratonnerre courent un véritable danger.

En 1718, dans un seul orage, la foudre tomba sur vingt-quatre églises peu distantes les unes des autres.

Dans les maisons, il faut éviter les courants d'air, tenir les fenêtres fermées, s'éloigner des masses métalliques. On est plus en sûreté au milieu d'une chambre que près des murs et des angles, etc.

En rase campagne, on doit s'éloigner des parties élevées du terrain. Si l'on peut trouver un grand arbre, en se plaçant à une distance de son pied égale à peu près à sa hauteur, on est presque complètement en sûreté, car l'arbre, à cause de sa hauteur, sera presque toujours frappé de préférence.

Franklin, pour se garantir de la foudre dans l'intérieur des maisons, conseilla d'abord de se coucher dans un hamac suspendu par des cordons de soie, mais bientôt après, ayant découvert de pouvoir des pointes, il songea à s'en servir pour décharger les nuages orageux.

Ce fut dans la patrie de ce grand physicien que furent installés les premiers paratonnerres.

Un paratonnerre consiste en une barre de fer verticale terminée par une pointe en platine, et communiquant avec le sol au moyen d'un *conducteur* métallique non interrompu (fig. 25). Le conducteur, isolé du bâtiment ou du monument qu'il protège, pénètre dans le fond d'un puits ou se dirige dans un orifice souterrain rempli de cendre, parce que la cendre, douée de la propriété de s'électriser, dissémine le fluide dans les entrailles de la terre.

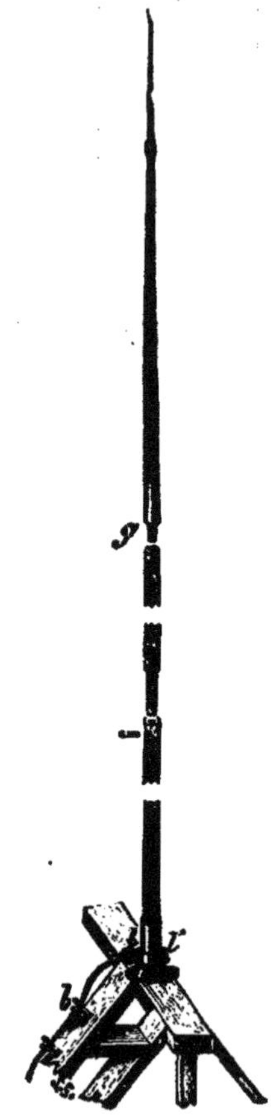

FIG. 25. — TIGE DU PARATONNERRE ET SON CONDUCTEUR. — g, TIGE MÉTALLIQUE TERMINÉE PAR UNE POINTE DE PLATINE. — bb', POINT DE SOUDURE DE LA TIGE ET DU CONDUCTEUR.

L'efficacité du paratonnerre s'étend seulement à une certaine distance : on admet que la tige métallique préserve les points placés dans un cercle dont le rayon est égal au double de sa hauteur. Il faut donc armer les grands monuments de plusieurs paratonnerres que l'on place respectivement à des distances égales à quatre fois leur hauteur.

Tous les détails relatifs à la disposition des paratonnerres sont assez connus, mais le véritable rôle des tiges métalliques, l'explication de leur mode d'action le sont beaucoup moins, et nous allons essayer d'exposer brièvement la théorie qui explique leur influence sur les nuages orageux.

Le paratonnerre n'attire pas la foudre, comme on le croit souvent; quand un nuage orageux chargé d'électricité passe au-dessus de sa tige, le fluide neutre du paratonnerre est décomposé par influence : le fluide de même nom que celui du nuage est refoulé dans le sol, le fluide de nom contraire est attiré, d'après la loi énoncée antérieurement. Ce dernier fluide *s'échappe par la pointe* comme un liquide s'écoulerait par un robinet ouvert; il se porte vers le nuage et neutralise l'électricité qui s'y trouve. Le fluide qui s'écoule ainsi est visible pendant la nuit et produit cette aigrette lumineuse que l'on remarque souvent pendant les violents orages. Il serait fort dangereux de s'approcher alors du fil conducteur, car le fluide, au lieu de pénétrer dans le sol, pourrait se détourner sur l'imprudent trop rapproché et le frapper de mort.

Une foule d'observateurs ont constaté l'importance des paratonnerres, qui non seulement empêchent la foudre d'atteindre les monuments qu'ils dominent, mais qui sont encore capables d'apaiser les orages.

Ces appareils, dus au génie de Franklin, répandent encore leurs bienfaits sur les mers en défendant les navires des orages si fréquents dont ils ont à craindre les effets. Tous les physiciens n'ont pas été d'accord sur ce fait; quelques-uns ont accusé les paratonnerres d'être dangereux.

S'il arrive, malheureusement trop souvent, que la foudre tombe à côté du paratonnerre, en exerçant des effets terribles de destruction, on ne peut nier cependant que ces tiges métalliques n'aient une admirable efficacité pour combattre *l'électricité du ciel*; *des accidents récents ont fait critiquer* de nouveau les paratonnerres, dont quelques personnes ont voulu contester l'utilité, en prenant sans doute l'exception pour la règle. La tige électrique inventée par Franklin a fait ses preuves, elle est à l'abri des attaques et sera toujours considérée à juste titre comme une des plus grandes inventions dont puissent se glorifier les temps modernes. Un poète lui a rendu un juste hommage quand il a dit :

Et par elle, à nos pieds, conduit sans violence,
Le tonnerre captif vient mourir en silence.

SEPTIÈME CAUSERIE

LA GRÊLE ET LES TROMBES.

Pour terminer ce qui est relatif aux perturbations atmosphériques dont nous avons parlé précédemment, nous croyons devoir insister sur la description détaillée de l'orage du 7 mai 1865, qui, en raison des phénomènes remarquables qui l'ont accompagné, offre un grand intérêt au point de vue météorologique.

C'est dans la vallée de l'Escaut qu'il a sévi dans toute sa violence, et nous rapporterons ici les curieux détails qui sont dus à M. Lermoyez, et qui sont exposés tout au long dans les Comptes rendus des séances de l'Académie des sciences.

Le 7 mai au matin, la température, qui avait été brûlante auparavant, s'abaissa considérablement : l'air frais, l'ascension de la colonne mercurielle du baromètre, un vent du nord-est qui chassait devant lui les nuages amoncelés dans le ciel, faisaient pressentir un orage.

Le roulement du tonnerre ne tarda pas à se faire entendre, et les éclairs non interrompus jetèrent bientôt dans le ciel de sinistres lueurs.

Cet orage remontait la vallée de Somme, vers Péronne; il fondit, avec une rapidité surprenante, sur Vendhuile, le Catelet, Beaurevoir, s'enfonça vers Bohain et Busigny, où il inonda le sol d'une pluie torrentielle.

A Vendhuile, la chute de la grêle commença à quatre heures et demie; elle dura près d'une demi-heure, pendant que l'ou-

FIG. 26. DIFFÉRENTES FORMES DE GRÊLONS (GRANDEUR NATURELLE).

ragan, soulevant des tourbillons de poussière, se faisait sentir dans toute sa force.

Les grêlons étaient gros comme des balles de fusil; ils atteignirent, au Catelet, la grosseur d'œufs de pigeon et même d'œufs de poule; en les examinant attentivement, on reconnaissait qu'ils étaient formés par l'agglomération de petits grêlons faciles à distinguer.

La grêle accumulée sur le sol, dit M. Lermoyez, entravait le cours de l'eau qui la chassait devant elle, et cet obstacle augmentant sans cesse, le torrent prit bientôt la forme d'une vague roulante de deux mètres au moins de hauteur et animée d'une telle vitesse, qu'elle ne suivait plus les parties déprimées du sol, et se précipitait en une effrayante avalanche, renversant tout sur son passage.

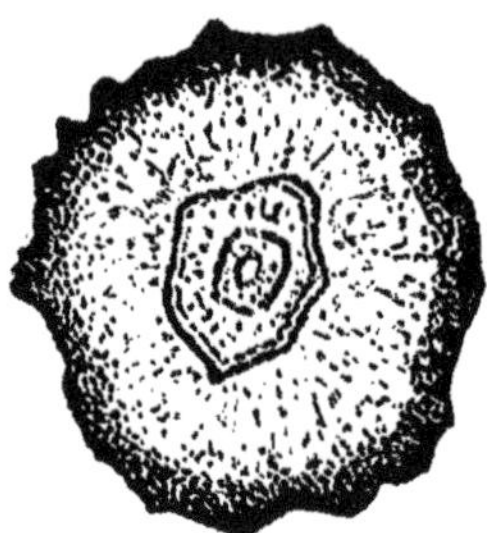

FIG. 27. COUPE DE GRÊLONS MONTRANT LEUR STRUCTURE INTÉRIEURE.

Le fait le plus extraordinaire, c'est l'incalculable quantité de grêle qui est tombée à Vendhuile et au Catelet.

Un petit contre-fossé du canal de Saint-Quentin, qui sert à l'assèchement de 500 hectares de terre, reçut un tel volume d'eau et de grêle, que le flot franchit les hauts cavaliers du canal, balayant devant lui un tas de 800 hectolitres de charbon, avec lequel il se précipita dans le lit de la voie navigable, qu'il obstrua complètement.

Le lendemain, ce dépôt de grêle, s'étendant sur une longueur de 462 mètres et une largeur moyenne de 20 mètres, présentait, en certains points, une hauteur qui dépassait 5 mètres; il formait ainsi un volume de plus de 40000 mètres cubes tellement compact, que l'eau d'amont, bien qu'élevée de 60 centimètres au-dessus de l'eau d'aval, baissa de 1 millimètre en vingt-quatre heures. Ce dépôt constituait un véritable glacier sur lequel on pouvait marcher sans le moindre danger. Lorsque furent pratiquées les tranchées destinées à établir les chasses qui devaient emporter cette masse immense, des blocs d'une étendue considérable flottaient sur l'eau en suivant le courant.

En aval du pont de Vendhuile, dans les prairies d'Ossu, où quelques fossés amènent les eaux de dessèchement de 1000 hectares seulement, le terrain fut couvert, sur 2 kilomètres de longueur et 200 mètres de largeur, de plus de 600000 mètres cubes de grêlons, qui n'avaient pas encore disparu huit jours après ce mémorable orage.

Le volume des grêlons est variable depuis quelques millimètres de diamètre jusqu'à dix centimètres et au delà. Leur forme est très variable, comme le montre la gravure ci-dessus (fig. 26). On cite des exemples de grêlons qui ont percé le toit des maisons et tué par leur chute de gros animaux.

Le 4 juillet 1819, les toits de la ville d'Angers furent percés par les grêlons animés d'une telle vitesse, que leur action taité comparable à celle des biscaïens.

En 1831, il tomba à Constantinople des grêlons gros comme le poing, qui pesaient encore 500 grammes une demi-heure après leur chute. Le 15 juin 1829, la ville de Cazorta, en Espagne, fut presque dévastée par des grêlons qui pesaient deux kilogrammes !

Il est certain que ces masses sont formées par l'agglomération de grêlons plus petits; mais, quoi qu'il en soit, ces projectiles lancés par les nuages sont souvent la cause de graves désastres.

C'est par une agglomération du même genre qu'on pourrait expliquer la formation d'un énorme bloc de glace, d'un mètre carré environ, qui tomba en Hongrie le 8 mai 1802.

Les grêlons sont généralement de forme sphéroïdale; quelquefois ils sont ovales, aplatis, irréguliers; on n'est pas encore arrivé à trouver l'explication complète de leur formation et la théorie de la grêle est imparfaitement connue. Les anciens considéraient les nuages à grêle comme des morceaux de glace qui se brisaient en petits morceaux.

Avant Volta, pas un physicien n'avait tenu compte des principales circonstances du phénomène, dans lequel l'électricité semble jouer un rôle important.

Nous n'entrerons pas dans les discussions relatives aux hypothèses innombrables qui ont été imaginées. A quoi servent les raisonnements sans fin qui aboutissent à la démonstration complète de notre ignorance?

Arrivons à un des phénomènes les plus terribles de l'océan aérien, phénomène qui est connu sous le nom de *trombe*.

Une trombe consiste en une colonne analogue à un nuage; elle est plus ou moins contournée; son sommet se perd dans le ciel, son pied est à la surface du sol. Animée d'un double mouvement de giration et de translation, elle s'élance avec une rapidité que rien ne peut décrire, enlevant et détruisant tout ce qui s'offre à son passage. Le phénomène n'a qu'une faible durée, il ne se prolonge pas au delà d'une heure.

Les trombes terrestres sont généralement précédées d'une chaleur étouffante, d'un calme complet, d'un abaissement très rapide du baromètre.

Quand on assiste à la formation d'une trombe, on voit les nuages s'abaisser vers le sol et se mettre en communication avec lui, en même temps que s'élève un effroyable tourbillon de poussière et de corps légers qui entourent la colonne nuageuse. Cette colonne s'élance, animée d'une terrible puissance de destruction et cause les plus épouvan-

FIG. 28. — TROMBE TERRESTRE.

tables désastres : arbres, maisons, animaux sont enlevés dans le tourbillon; tout est entraîné par la trombe, tout tourne avec elle, et rien ne peut arrêter sa course vertigineuse (fig. 28). Dans le désert le sable soulevé donne au phénomène un aspect particulier et non moins terrible (fig. 29).

Les trombes de mer se forment aussi pendant les grandes chaleurs. Un point de la base d'un nuage s'abaisse vers la mer en forme de protubérance conique qui s'allonge et s'incline sous l'action du vent (fig. 30). En même temps, les eaux de la mer semblent bouillonner, et forment un épais brouillard qui s'élève jusqu'à la rencontre du cône descendant : la trombe est constituée, et alors se fait entendre un bruit semblable à celui d'une cascade : malheur au navire qui se laisse engager dans le tourbillon; il est entraîné et submergé. Pour conjurer le danger, les marins lancent des boulets de canon dans la trombe. M. Napier, ayant ainsi coupé une trombe en deux, vit les deux parties de la colonne, ballottées par le vent, tendre l'une vers l'autre pour s'unir de nouveau.

Les trombes de mer sont beaucoup plus fréquentes dans les pays chauds que les trombes terrestres; cependant il arrive parfois que le ciel nous offre le spectacle des dévastations que peuvent causer ces dernières : dans la Corrèze, en 1865, une trombe qui dura environ un quart d'heure détruisit une partie des récoltes, déracina des milliers d'arbres fruitiers et forestiers, renversa plusieurs maisons, et enleva plus de deux cents toitures avec leurs charpentes, projetées à une distance considérable. Les habitants, effrayés, se réfugiaient dans les caves pour n'être pas engloutis sous les ruines de leurs maisons.

Les projectiles volaient en éclats avec une violence extrême; les fils du télégraphe furent rompus. Une voiture portant un chargement de 2000 kilogrammes fut jetée dans un fossé qui borde la route nationale de Tulle à Limoges. Un jeune homme qui se trouvait sur une éminence fut enlevé,

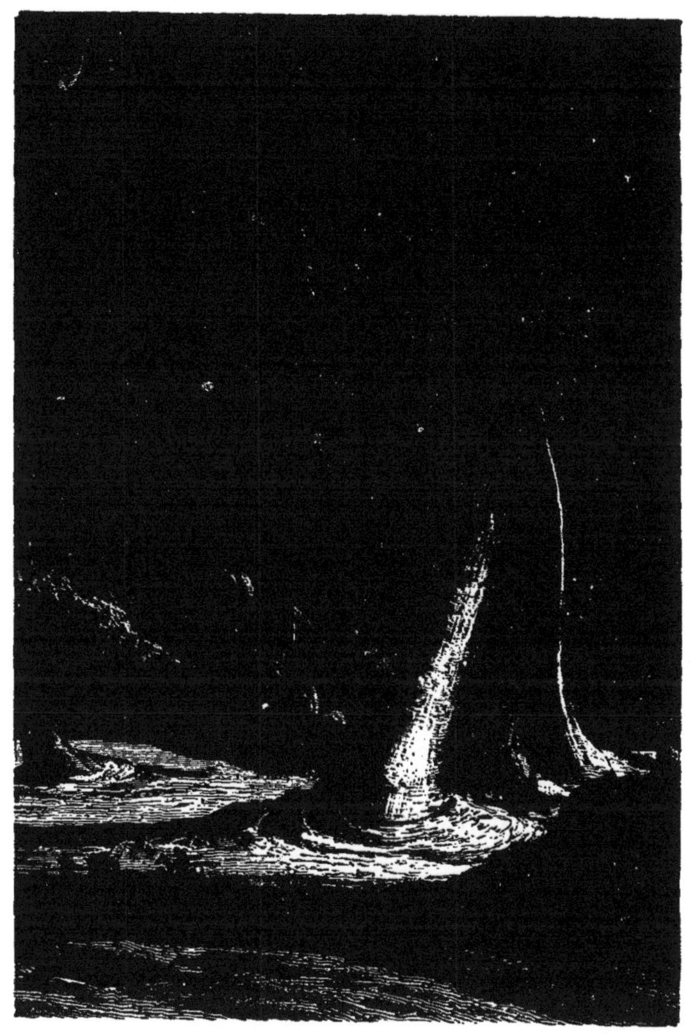

FIG. 29. — TROMBE DE SABLE DANS LE DÉSERT.

porté à plus de cent mètres de distance, et ne dut son salut qu'à une haie contre laquelle il vint se heurter. De mémoire d'homme on n'avait vu les éléments déchaînés avec une telle fureur, sur un espace de quinze kilomètres. Des châtaigneraies furent entièrement détruites; les arbres furent non seulement déracinés, mais encore tordus et brisés; d'autres, d'une grosseur considérable, furent transportés au loin avec la terre adhérente à leurs racines.

La commune de Meilhard fut la plus maltraitée. Le hameau de Sauviates, composé de sept maisons, fut détruit. Ses habitants bivouaquèrent sous des huttes de chaume, construites en toute hâte pour les abriter pendant la nuit. La ferme de Labesse, l'une des plus considérables du pays, fut entièrement anéantie.

Ainsi, chaque jour, le ciel nous fournit de nouveaux faits qui viennent s'ajouter à la liste déjà longue des observations enregistrées dans les annales de la météorologie, de cette science qui cache sous un nom pompeux des études à la portée de tous.

Elle s'occupe en effet de la connaissance du temps; on pourrait l'appeler vulgairement la science de la pluie et du beau temps. Ses instruments sont le baromètre, le thermomètre, l'hygromètre, et la girouette; l'atmosphère terrestre est le domaine qu'elle parcourt. Nous aurons occasion d'y revenir dans quelques-unes de nos causeries.

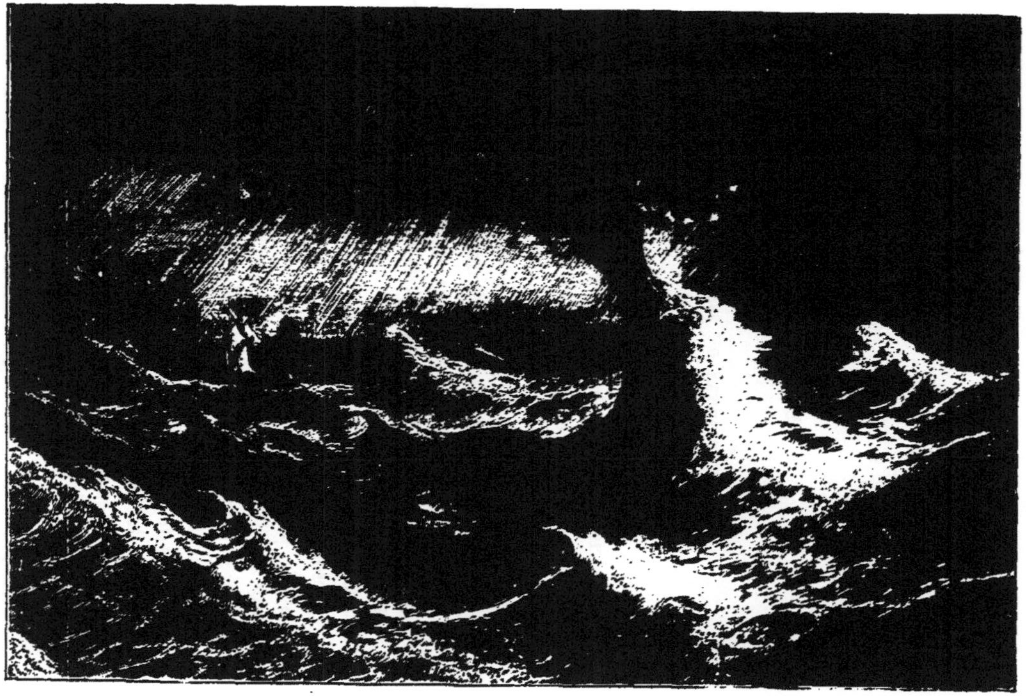

FIG. 30. — TROMBE DE MER.

HUITIÈME CAUSERIE

LES AÉROLITHES OU PIERRES TOMBÉES DU CIEL

Il n'y a pas un siècle que les hommes instruits tournaient en dérision les crédules assez naïfs pour croire que des pierres pussent tomber du ciel. De même que Voltaire disait des fossiles qu'ils n'étaient que des coquilles détachées fortuitement des chapeaux de quelques pèlerins, on affirmait généralement que les aérolithes étaient uniquement nés de préjugés populaires. On se moquait des ignorants assez audacieux pour affirmer que les pierres qu'ils avaient vu tomber à leurs pieds, au milieu des campagnes, après avoir décrit dans l'espace une courbe lumineuse, fussent réellement venues des profondeurs du firmament. Au milieu même du dix-huitième siècle, on allait jusqu'à nier le phénomène des étoiles filantes, qui se rattache, comme nous allons le voir, à celui des aérolithes, bien que le fait soit facile à observer par une belle nuit d'été, bien qu'il ait été remarqué des philosophes mêmes de l'antiquité. Nous avons sous les yeux l'*Histoire naturelle* de Pline, traduite en Français en 1771, et nous y lisons ces lignes du philosophe ancien : « Quelquefois on voit courir des étoiles; ce phénomène n'arrive jamais au hasard, et sans être l'avant-coureur de cruels vents qui viennent de cette partie du ciel. On voit aussi des étoiles au ras de terre et même sur la surface de la mer. » Ptolémée appelait *trajec-*

tions ces étoiles filantes qui n'avaient pas échappé au regard des savants anciens; d'obscurs amis de la nature avaient constaté avec ces écrivains ce remarquable phénomène. Le traducteur de Pline, se hâte cependant d'ajouter en note, en se faisant sans doute l'interprète des opinions de son époque : « Personne dans ce siècle n'admettra un phénomène de cette nature. Les anciens prenaient pour des étoiles tombantes de simples vapeurs phosphoriques qui prennent flamme et forment de longues traînées dans la moyenne région de l'air. »

C'est en 1803 que la science devait irrévocablement revenir sur ces erreurs. Une véritable averse de pierres tomba près de Laigle, et après une étude attentive on reconnut que plus de trois mille aérolithes, venus des profondeurs du ciel, s'étaient tout à coup disséminés sur la campagne. Depuis cette époque, on se dispute ces fragments de masses ferrugineuses qui atteignent notre planète ; de toutes parts des collections se forment où mille pierres tombées du ciel sont classées, réunies. On comprend aujourd'hui toute l'importance de l'étude de ces infiniment petits de l'espace, dont la faible dimension est compensée par l'énorme multitude.

Depuis que la chute des aérolithes est admise comme un fait irréfutable, on a cherché à expliquer la formation de ces débris que nous lancent les espaces célestes. Les opinions les plus singulières se sont produites avant qu'on soit arrivé à une doctrine sensée et naturelle. On a d'abord prétendu que les aérolithes étaient des *pierres de foudre* lancées par le tonnerre, sans se demander comment la foudre, étincelle électrique, pouvait subitement engendrer des masses ferrugineuses. Plus tard, Fréret affirme que ces substances tombées de l'atmosphère ont été lancées dans l'espace par les volcans terrestres. Des volcans terrestres on passa bientôt aux volcans lunaires, que l'on accusa d'envoyer aux hommes une véritable grêle de pierres et de projectiles. Laplace, Poisson et Biot étudièrent ce problème, et arrivèrent à conclure que des masses rocheuses, lancées par les volcans lunaires, pourraient arriver dans la sphère d'attraction terrestre, si elles étaient animées d'une vitesse de 2500 mètres par seconde. On fut longtemps à s'apercevoir de l'improbabilité de cette hypothèse, et c'est à Chladni qu'appartient l'honneur d'avoir débarrassé la théorie des aérolithes de toutes ces doctrines erronées. Ce savant physicien admit le premier que les aérolithes peuvent être considérés comme des débris de matière planétaire qui circulent dans l'espace et qui viennent frapper la terre quand ils pénètrent dans sa sphère d'attraction. Ces infusoires planétaires, étoiles filantes qui tracent dans le ciel une courbe lumineuse, bolides qui illuminent l'espace d'une longue traînée de feu, aérolithes qui tombent à la surface de notre sphéroïde, auraient tous une même origine; ils se rattacheraient à un même phénomène astronomique, qui jouerait *dans les harmonies du monde un rôle de premier ordre.*

On raconte qu'en Allemagne le baron de Reichenbach, voyant un bolide sillonner le ciel, s'élance à cheval, et se met à chercher les traces de ce corps planétaire lumineux éclaté au-dessus de sa tête. Quelques instants après, il ramasse une masse de fer toute brûlante dont il enrichit sa belle collection d'aérolithes. Il est rare que les traces des bolides soient aussi faciles à suivre, et il est certain que les trois quarts des corps que nous envoie le ciel sont engloutis dans les flots de la mer ou perdus dans les profondeurs des déserts. Il est toutefois très facile de reconnaître la présence des aérolithes, car ces corps sont presque essentiellement formés de fer pur, qui se rencontre rarement à l'état métallique dans les substances de formation tellurique. Les masses de fer que les voyageurs ont rencontrées au Chili, en Algérie et dans un grand nombre d'autres localités, sont évidemment d'origine céleste, et ont été lancées des espaces planétaires à la surface du globe.

Le nombre des aérolithes est considérable, et s'il est vrai que chaque bolide qui sillonne la voûte céleste peut nous lancer des parcelles de sa substance, le professeur Newton aurait raison d'affirmer que plus de dix millions d'aérolithes pénètrent annuellement dans notre atmosphère. La plupart du temps la pierre qui tombe du ciel est isolée, mais on cite plusieurs exemples de véritables pluies d'aérolithes. Dans la soirée du 15 mai 1864, un météore lumineux traversa le ciel et fut aperçu dans un grand nombre de localités en France. On le vit se séparer en plusieurs fragments semblables aux étoiles d'une fusée d'artifice, puis il disparut tout à coup. On entendit bientôt un bruit terrible, pareil au roulement du tonnerre, et sur une superficie de deux lieues carrées on ramassa une énorme quantité de masses de fer plus ou moins volumineuses. C'est ainsi qu'une collection d'aérolithes a pu être recueillie, et enrichir la belle galerie de minéralogie du Muséum. Grâce aux études remarquables de M. Daubrée, ces pierres tombées du ciel et recueillies dans toutes les parties du monde ont pu être cataloguées et soumises à une analyse chimique minutieuse.

Les corps simples qui entrent dans la constitution des aérolithes appartiennent à la classe de ceux qui forment les roches terrestres. Les pierres tombées du ciel sont généralement des masses de fer plus ou moins volumineuses; ce fer renferme une petite proportion d'autres métaux, tels que le nickel, le cobalt, le manganèse, le cuivre, etc. Si l'on ajoute à ces substances la silice, l'alumine, le soufre, le phosphore et le carbone, on aura à peu près la liste complète des corps qui composent les aérolithes. Un assez grand nombre de ces débris échappés des régions célestes sont formés de matières vitrifiées, pierreuses, et renferment dans leur masse des rognons de combinaisons métalliques.

Nous reproduisons ci-contre des gravures qui montrent la forme et l'aspect de quelques-uns des plus remarquables échantillons du Muséum d'histoire naturelle de Paris.

La fig. 31 représente un aérolithe tombé à Caille, près de Grasse, dans le département des Alpes-Maritimes. Il ne pèse

FIG. 31.— MASSE DE FER MÉTÉORIQUE TROUVÉE EN 1828, PAR BRAD, A CAILLE (ALPES-MARITIMES).

pas moins de 591 kilogrammes; sa masse renferme çà et là des rognons de sulfure de fer. Quelques-uns de ces rognons se sont détachés et ont produit les cavités qui se montrent à la surface extérieure de la pierre. Les figures 32 et 33 représentent d'autres aérolithes, de plus petites dimensions. Le premier pèse 12 kilogrammes et a été poli pour monfrer sa texture intérieure. Le second est célèbre dans les annales de la science. Il représente un fragment d'une météorite connue sous le nom de *fer de Pal-*

las, et qui a été trouvée en Sibérie par le voyageur de ce nom, en 1776. Cette météorite ne pesait pas moins de 700 kilo-

FIG. 32. — MÉTÉORITE DE LA SIERRA DE CHACO.

grammes. La fig. 34 représente une magnifique masse de fer trouvée dans l'île de Disco (Groenland), à Ovifak, par le natu-

FIG. 33. — FRAGMENT DU FER DE PALLAS.

raliste suédois M. Nordenskiold. Ce bloc de fer ne pèse pas moins de 20 000 kilogrammes. Il paraît certain que cette masse, d'abord considérée comme météorique, a une origine terrestre.

On peut affirmer qu'il n'est pas de jour où de nombreux

aérolithes ne tombent à la surface de la terre ; mais il est certaines époques de l'année où la chute des pierres célestes est plus abondante, et c'est précisément pendant les nuits où le phénomène des étoiles filantes se montre dans toute sa splendeur. — Vers les époques du 10 août et du 11 novembre les apparitions des étoiles filantes sont très nombreuses, et

FIG. 34. — BLOC DE FER DÉCOUVERT A OVIFAK EN 1870 PAR M. NORDENSKIOLD.

au lieu de cinq à huit traînées lumineuses que l'on pourrait apercevoir pendant toute la durée d'une nuit ordinaire, c'est par milliers que l'on compte les gerbes de feu qui sillonnent le ciel.

La période de novembre a surtout fourni des faits vraiment extraordinaires. Dans la nuit du 12 au 13 novembre 1833, Humboldt et Bonpland, qui se trouvaient à Cumana, rapportent que le ciel était littéralement traversé de part en part par d'innombrables traînées lumineuses qui traversaient constamment la voûte céleste du nord au sud. On aurait cru assister au spectacle d'un feu d'artifice tiré à une hauteur considérable.

FIG. 35. — MÉTÉORE OBSERVÉ DANS LE COMTÉ DE DURHAM (ANGLETERRE), EN OCTOBRE 1851.

A cette même époque, le phénomène n'était pas moins imposant dans un grand nombre d'autres régions, telles que le Brésil, le Groenland, l'Allemagne et la Guyane française. « On aperçut des météores, dit Arago, le long de la côte orientale de l'Amérique, depuis le golfe du Mexique jusqu'à Halifax, de neuf heures du soir au lever du soleil, et même dans quelques localités en plein jour, à huit heures du matin. Les étoiles étaient si nombreuses, elles se montraient dans tant de régions du ciel à la fois, qu'en essayant de les compter on ne pouvait guère espérer d'arriver qu'à de grossières approximations. L'observateur de Boston, M. Olmsted, les assimilait, au moyen du maximum, à la moitié du nombre de flocons qu'on aperçoit dans l'air pendant une averse ordinaire de neige. Lorsque le phénomène se fut considérablement affaibli, il compta 650 étoiles en quinze minutes, quoiqu'il circonscrivît ses remarques à une zone qui n'était pas le dixième de l'horizon visible. Ce nombre, suivant lui, n'était pas les deux tiers du total : ainsi, il aurait dû en trouver 866, et pour tout l'hémisphère visible, 8660. Ce dernier chiffre donnerait par heure 34 640 étoiles. Or le phénomène dura plus de sept heures; donc le nombre de celles qui se montrèrent à Boston dépasse 240 000; car, on ne doit pas l'oublier, les bases de calcul furent recueillies à un moment où le phénomène était déjà notablement dans son déclin. »

Le phénomène prend quelquefois un aspect imposant même dans nos régions; le dessin que nous publions ci-contre (fig. 35) en est un remarquable témoignage.

En étudiant tous les ans ce merveilleux phénomène des étoiles filantes, on est arrivé à la découverte d'un fait de la plus haute importance. On a reconnu, en suivant la direction des routes tracées dans l'espace par les étoiles filantes, que le plus grand nombre rayonnaient dans tous les sens, en paraissant s'échapper d'un même point de la voûte céleste. L'étoile *gamma* de la constellation du Lion est le centre d'où émanent les étoiles filantes de novembre, tandis qu'*Algol*, dans Persée, est le point de départ des étoiles du mois d'août. Ce fait nous apprend que les étoiles filantes sont des corps lumineux dont le mouvement est indépendant de la rotation terrestre; ajoutons que les points rayonnants du Lion et de Persée sont précisément ceux vers lesquels se dirige la terre aux deux époques de novembre et d'août. On est donc conduit à admettre que notre globe rencontre un anneau composé de myriades de petits corps circulant comme les planètes autour du soleil. L'analogie que présentent les bolides et les étoiles filantes, le fait d'aérolithes échappés des bolides en explosion, montrent d'une manière presque certaine, comme nous l'avons déjà dit, la similitude des causes qui engendrent ces phénomènes si merveilleux. Tous les jours le ciel jette sur

FIG. 36. — FRAGMENT DE LA MÉTÉORITE CHARBONNEUSE D'ORGUEIL.

notre globe de nouveaux échantillons des corpuscules planétaires qui parcourent l'espace, et la science, grâce à une étude approfondie, à des observations nombreuses, finira par connaître les lois qui régissent la chute des météorites. Ces problèmes sont bien dignes de fixer l'attention des savants, qui, par leur solution, seront conduits à expliquer quelques-unes des lois cosmiques les plus importantes. L'étude des aérolithes offre un autre intérêt : la chimie, en analysant ces substances, détermine la composition des corpuscules planétaires qui se meuvent au-dessus de nos têtes. On se rappelle l'étonnement que produisit dans le monde savant la chute de l'aérolithe d'Orgueil (fig. 36), qui renfermait dans son sein une matière organique analogue à la houille, signe certain de la présence d'organismes vivants dans le point de l'espace d'où cette pierre s'est échappée. D'autres surprises sont réservées aux observateurs de l'avenir qui étudieront les météorites futurs, merveilleux témoins de l'évolution des mondes extraterrestres!

NEUVIÈME CAUSERIE

LA CHALEUR ET LA PRODUCTION DES HAUTES TEMPÉRATURES

Dès l'antiquité la plus reculée, les hommes connaissaient les mathématiques et cultivaient cette science avec le plus grand succès, tandis que les sciences physiques et naturelles ne faisaient que des progrès insensibles. C'est que le raisonnement a été le premier instrument dont on s'est servi pour découvrir la vérité et que la science des mathématiques est une pure conception qui obéit à ses lois, c'est que la méthode si fructueuse qu'on employait dans les sciences exactes devenait nuisible au progrès des autres sciences.

En effet, dans l'étude des mathématiques on admet quelques vérités évidentes et, par une suite de raisonnements successifs, on forme une série de conclusions, qui s'enchaînent en conduisant à des résultats aussi certains que les axiomes qui en sont la base.

Les philosophes anciens, nourris de cette méthode, voulurent aussi l'employer dans les sciences physiques. Ils commencèrent par créer *à priori* des systèmes dont ils admettaient les principes et espérèrent en tirer des conclusions capables d'expliquer les lois de la nature. En opérant ainsi, ils confondaient ensemble les vérités évidentes qu'admet forcément la raison, et les hypothèses, pures fictions de l'imagination.

C'est ainsi qu'Aristote et son école admettaient l'existence des quatre éléments : la terre, l'eau, l'air et le feu, et longtemps après lui, les alchimistes, respectant la parole du maître, considérèrent cette doctrine erronée comme la base de leur science.

Après Aristote, les alchimistes allaient occuper le monde de

FIG. 37. — JEUNE SAUVAGE PRODUISANT DU FEU EN FROTTANT DEUX MORCEAUX DE BOIS L'UN CONTRE L'AUTRE.

leurs principes bizarres, et, s'il serait injuste de nier qu'on leur doit des découvertes importantes, il faut reconnaître qu'ils ont souvent pris de vains rêves pour la réalité, notamment dans la recherche qu'ils ont voulu faire de la pierre philosophale.

Trois hommes d'un génie immense, Bacon, Descartes et Galilée, opérèrent une salutaire révolution, et démontrèrent que les bases des sciences naturelles sont l'observation et l'expérience. Alors tout se coordonne, les faits se multiplient, et l'alchimie, science occulte où l'imagination jouait le plus grand rôle, allait donner naissance à la chimie moderne, science toute positive, qui conduisit aux plus admirables résultats.

On appelle *éléments* ou corps simples les substances qui, soumises à toutes les réactions que nous pouvons produire aujourd'hui, ne peuvent être résolues en d'autres substances.

L'eau n'est pas un élément, parce que l'électricité et la chaleur peuvent la décomposer, la dédoubler en deux corps simples, qui sont l'hydrogène et l'oxygène; l'air n'est pas un élément, parce que la chimie peut en extraire plusieurs corps, qui sont l'oxygène, l'azote, l'acide carbonique, etc.; la terre enfin, formée par l'union d'une foule de roches, de minéraux, capables de fournir plus de soixante-quatre corps simples, n'est pas non plus un élément.

Quant au feu, que les anciens rangeaient dans les éléments, ce n'est ni un corps simple ni un corps composé; le feu est une sorte de combinaison de chaleur et de lumière.

Qu'est-ce que la chaleur? On ne sait absolument rien sur la nature de cet agent, mais on peut en disposer, le produire à son gré, et en étudier les effets.

Quand on frotte violemment deux corps l'un contre l'autre, on élève leur température. Ainsi, en frottant deux morceaux de bois sec l'un contre l'autre, les sauvages arrivent à enflammer des feuilles sèches et à produire du feu (fig. 37.)

Quand les corps se combinent entre eux, ils dégagent de la chaleur; du fer, réduit à un très grand état de division par des procédés chimiques, s'enflamme spontanément au contact de l'air (fig. 38); du charbon produit de la chaleur en brûlant, ou, en d'autres termes, en se combinant avec l'oxygène de l'air.

Ainsi, quand on élève la température d'un morceau de charbon, il se combine avec un des éléments constituants de l'air, se transforme en acide carbonique, et cette combinaison se manifeste par une production de chaleur et de lumière qui constitue le feu.

La combustion du charbon est un des modes de production de chaleur les plus usités; avec certains charbons, tels que

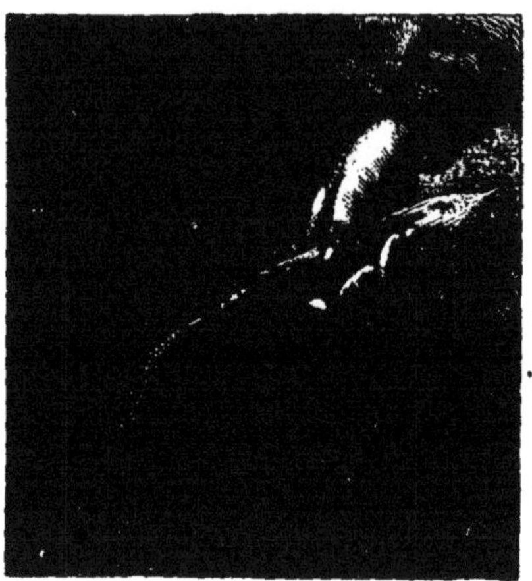

FIG. 38. — FER PYROPHORIQUE BRULANT AU CONTACT DE L'AIR.

le coke, on peut atteindre des températures très élevées, capables de faire entrer en fusion le cuivre, la fonte et une foule d'autres substances qui résistent à l'action d'un feu modéré.

Du coke chauffé dans des fourneaux spéciaux, dans la forge portative de M. Deville, par exemple, devient rouge. Si on continue à le faire brûler dans un courant d'air, on atteint la température du rouge blanc, puis celle du rouge bleu. C'est alors surtout, quand il fait sombre, que la couleur bleue se manifeste visiblement et caractérise bien ces hautes températures.

Quand on veut soumettre des substances à ces températures, une des difficultés qu'on éprouve est la fusibilité des creusets ordinaires. La chaux, l'alumine et le graphite sont les matières qui résistent le mieux; le platine peut y fondre dans un creuset de chaux, et le cristal de roche s'y ramollit.

Au lieu de combiner le charbon avec l'oxygène pour produire de la chaleur, on peut employer des carbures d'hydrogène, tels que le gaz de l'éclairage, qui est aujourd'hui d'un usage répandu dans les laboratoires et dans les habitations.

On peut augmenter singulièrement la chaleur développée par ces carbures, en alimentant leur combustion non plus par de l'air, mais par de l'oxygène pur.

Lavoisier y songea dès qu'il put préparer en quantité suffisante le gaz comburant contenu dans l'air atmosphérique. En 1782, il construisit un petit appareil, un chalumeau, au moyen duquel on insufflait un courant d'oxygène sur un morceau de charbon en ignition. La température produite était capable de fondre le platine, qui est, comme on le sait, un des métaux qui résistent le mieux à l'action du feu, et qui ne se ramollirait en aucune façon dans les fourneaux les plus énergiques.

Enfin, Lavoisier donna la première idée du chalumeau à gaz oxygène et hydrogène avec lequel on produit aujourd'hui de si remarquables effets.

Ce chalumeau consiste en un bec cylindrique par où s'échappe un jet de gaz hydrogène qu'on enflamme; au milieu de ce bec arrive un courant d'oxygène qu'on peut insuffler avec plus ou moins de force au moyen d'un soufflet. L'oxygène pur active la combustion de l'hydrogène, et, en dirigeant le jet de gaz enflammé sur certains métaux, on les fond et on les réduit même en vapeur avec la plus grande facilité.

A l'exposition de Londres de 1862, nous avons vu une masse de 100 kilogrammes de platine fondue en une seule fois par M. Mathey. Le métal avait été liquéfié à un tel point que sa surface représentait l'empreinte des irrégularités du moule de chaux dans lequel on l'avait coulé après la fusion.

La fusion du platine est une très belle expérience : le four en chaux qui contient le métal devient éblouissant dès qu'on y dirige le dard enflammé du chalumeau, le métal fond et devient du blanc le plus vif et le plus éclatant. C'est, dit M. Deville, « le plus beau spectacle qu'on puisse voir que ce ruisseau de feu tellement ardent, que pour l'opérateur le plus exercé il y a impossibilité presque complète de distinguer en même temps le métal et la lingotière dans laquelle le platine doit être coulé. »

La fusion du platine a lieu à 1900°, et celle de l'or s'effectuant à 1200°, on peut juger de l'intensité de cette chaleur artificielle.

Là ne se bornent pas les moyens de la science. Il est encore une source de chaleur plus grande que celle dont nous venons d'indiquer l'origine : c'est la pile électrique.

Quand on lance un courant électrique énergique à travers deux cônes de charbon, en lui faisant traverser un certain espace entre ces deux conducteurs, il développe une quantité de chaleur énorme. L'or, l'argent, le platine, fondent et entrent même en vapeur; le charbon est volatilisé; le diamant se transforme en une matière noirâtre analogue au coke, et brûle comme un morceau de fusain.

Cet agent merveilleux qui fournit la lumière la plus éblouissante s'offre encore à nous comme la source d'une chaleur excessive, et doit être ainsi considéré comme l'instrument le plus précieux des métamorphoses de la matière.

Grâce à ces températures si énergiques dont on peut disposer aujourd'hui, la science du feu a fait des progrès surprenants. Les savants, pendant longtemps, ont admis qu'il y avait des corps qui résistaient à l'action de la chaleur; le platine, le diamant étaient rangés parmi ces substances; on les appelait *corps réfractaires*. A mesure qu'on a pu faire croître l'intensité de la chaleur artificielle, on a vu diminuer le nombre des corps réfractaires, et on peut affirmer aujourd'hui que toutes les substances du globe peuvent prendre les trois états, solide, liquide et gazeux, suivant les températures auxquelles ils sont soumis. L'eau, à la température de 0°, est à l'état de glace; de 0° à 100° elle est à l'état liquide; au delà de 100° elle entre en vapeur. Les métaux qui sont solides à la température ordinaire, excepté le mercure, entrent en fusion à des températures plus ou moins élevées, et nous avons vu que le platine lui-même n'échappe pas à la loi commune. Les creusets de terre fondent dans les fourneaux à vent, le quartz se ramollit. S'il y a encore des corps sur lesquels nos moyens d'action soient impuissants, on peut tenir pour certain cependant qu'ils entreraient aussi en fusion, si la science était capable de produire des températures plus élevées que celles dont nous disposons actuellement.

La physique moderne, qui a créé des appareils produisant une chaleur de plus de 2000°, a su au moyen de certains mélanges soumettre les corps à une température de 100° au-dessous de zéro. Ayant démontré que les métaux peuvent tous entrer en fusion et passer même à l'état gazeux, elle a prouvé aussi que les corps gazeux, tels que le protoxyde d'azote, l'acide carbonique, peuvent affecter l'état liquide ou solide. L'appareil si connu de Thilorier, au moyen duquel on soumet à une formidable pression l'acide carbonique, liquéfie et solidifie ce gaz. C'est au moyen d'un mélange d'acide carbonique solide et d'éther qu'on parvient à produire une température de 100° au-dessous de zéro. A cette température la plupart des liquides se solidifient; l'alcool et quelques autres produits résistent cependant; mais comme ils ont perdu leur fluidité, pour prendre une consistance sirupeuse, on voit qu'ils ne sont pas loin de leur point de solidification. Dans ces derniers temps, MM. Cailletet et Raoul Pictet sont arrivés à solidifier l'hydrogène et les autres gaz, jusqu'alors considérés comme des gaz *permanents.*

Ces exemples font voir que la chaleur est un agent fertile en effets physiques très variés. Ses effets chimiques ne sont pas moins intéressants.

La chaleur est capable d'unir ensemble, de combiner, ou, suivant le langage expressif des alchimistes, de marier les différents corps. Quand on chauffe du mercure au contact de l'air, il s'unit à l'oxygène de l'air et se transforme en une matière rouge, qui est de l'oxyde de mercure. Si l'on soumet cet oxyde à une température plus élevée, il se décompose et donne de l'oxygène et du mercure. Ainsi, la chaleur est capable de produire deux effets inverses : elle peut associer les corps entre eux; elle peut séparer deux corps unis ou combinés, et l'exemple que nous citons, loin d'être une exception, est plutôt la règle.

Il faut toutefois ajouter ici que lorsque les corps se combinent, ils dégagent de la chaleur, et que lorsqu'ils se décomposent, ils en absorbent.

Ainsi, la chaleur joue un très grand rôle dans les phénomènes chimiques et dans la constitution des corps. Si on analyse une substance quelconque, de l'eau par exemple, on trouve que cette eau est formée de deux gaz, l'hydrogène et l'oxygène; mais ces deux corps, en s'unissant, dégagent de la chaleur, et, en se séparant, en absorbent : la chaleur intervient donc aussi dans la constitution de l'eau, comme dans celle de tous les corps connus.

Quelle est la nature de la chaleur, quel est son rôle dans les réactions qui s'accomplissent au sein de l'immense laboratoire de la nature? C'est ce qu'on ignore encore, ou plutôt ce qu'on ne sait que très imparfaitement. Il faut ici avouer son ignorance et imiter la réserve d'Arago.

On demandait un jour à ce savant : « Qu'est-ce que la chaleur. — Je n'en sais rien, répondit l'illustre physicien.

Qu'est-ce que la lumière. — Je l'ignore. — Qu'est-ce que l'électricité. — Je l'ignore. — Mais alors, reprit l'interlocuteur, que savez-vous de plus que *tout le monde*? — Ce qui me distingue des ignorants, dit Arago, ce qui me vaut le titre de savant, c'est que je m'aperçois chaque jour que je ne sais rien, et je ne suis arrivé à connaître cette vérité qu'après une longue carrière d'étude et de travail. »

C'est malheureusement à quoi mène souvent la science bien comprise. Après avoir étudié les faits, observé les phénomènes de la nature, on rencontre, quand on approche de la cause, des obstacles infranchissables. Si l'on connaît les effets produits par la chaleur, on ne sait presque rien sur la nature de cet agent ; mais, en utilisant ses propriétés, on n'en tire pas moins de grands avantages.

DIXIÈME CAUSERIE

LES SOLEILS ARTIFICIELS

La lumière est aussi indispensable à la vie que la chaleur. Sans elle la nature serait plongée dans les ténèbres, et les êtres vivants ne tarderaient pas à périr s'ils étaient condamnés aux terreurs d'une nuit éternelle. La fleur a besoin de la lumière; les oiseaux et tous les animaux célèbrent, au lever de l'aurore, l'apparition de l'astre qui nous éclaire; les premiers hommes adoraient le soleil, qui par son éclat est le gardien de la vie, et ils se prosternaient devant le rayon de la lumière qui révèle le monde, le crée et le conserve.

La nuit a toujours été un sujet de crainte et de frayeur : les animaux plongés dans l'obscurité ne peuvent plus apercevoir leurs ennemis et ne peuvent pas s'en défendre : aussi avec quel soin, à l'origine du monde, les hommes allumaient ils, dans les forêts, le feu qui éloignait les bêtes féroces en dissipant les ténèbres de la nuit.

Les premiers peuples qui ont habité la terre se servaient de torches de résine et les allumaient, en développant, par le frottement de deux morceaux de bois l'un contre l'autre, une température assez élevée pour produire la combustion de la matière inflammable; plus tard, les Hébreux et les Égyptiens inventèrent la lampe et se servirent de l'huile comme mode d'éclairage.

Qu'il y a loin de ces torches et de ces lampes grossières à la lumière électrique, dont l'éclat est comparable à celui du soleil! Aujourd'hui la lumière électrique, la lumière de Drummond, la lumière au magnésium, nous fournissent des rayons lumineux tels que l'œil ne peut en supporter l'éclat; ces lumières ont une intensité si considérable, qu'on peut les qualifier de soleils artificiels.

Le célèbre chimiste anglais sir Humphry Davy, en terminant les deux pôles d'une pile énergique par deux morceaux de charbon, obtint le premier arc voltaïque; il fit ainsi jaillir une gerbe de lumière d'un éclat éblouissant. Les flammes des lampes qu'il plaçait dans le voisinage ressemblaient à des corps rouges et sombres et projetaient des ombres comme l'auraient fait des corps opaques.

Cette expérience célèbre fut longtemps considérée comme une curiosité scientifique. On ne put la répéter facilement que lorsque fut construite la pile de Bunsen, qui permet de produire cette vive lumière avec cinquante couples, au lieu des deux mille qu'employait Davy.

La lumière électrique ainsi vulgarisée, il fut possible de chercher quelles pouvaient en être les applications; cependant ce ne fut que bien plus tard, lorsque les appareils régulateurs permirent de l'employer si facilement, qu'on put se familiariser avec elle.

Quand l'arc voltaïque jaillit entre deux charbons, ces charbons brûlent avec une grande rapidité, et la matière de l'un d'eux est voltalisée et transportée sur l'autre; il en résulte que leur distance augmente et que bientôt, le circuit étant interrompu, la lumière cesse. Il suffit, pour la reproduire, de ramener les charbons à leur distance primitive. Les *régulateurs photo-électriques* ont pour but de maintenir constamment les charbons à la même distance et de permettre à l'arc voltaïque de fournir ainsi une lumière continue.

MM. Foucault, Duboscq, Serrin (fig. 39), construisirent divers systèmes de régulateurs qui furent les causes de l'application de la lumière électrique.

Elle débuta au théâtre. C'est en 1847 qu'elle servit à pro-

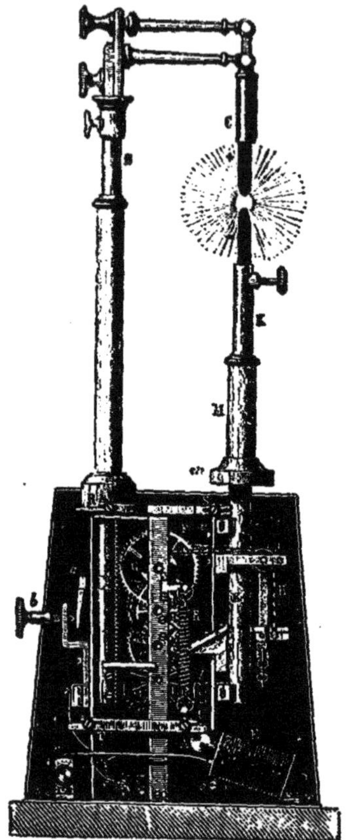

FIG. 30. — RÉGULATEUR DE LA LAMPE PHOTO-ÉLECTRIQUE SERRIN DESTINÉ A MAINTENIR LES CHARBONS A LA MÊME DISTANCE.

duire à l'Opéra, dans *le Prophète*, un effet de soleil levant qui eut le plus grand succès.

Dès ce moment la cause de la lumière électrique était gagnée et elle allait produire, dans les différents théâtres, les effets les plus merveilleux. A l'Opéra, elle fut employée dans *la Magicienne, les Elfes, le Papillon, Pierre de Médicis*, etc., et servit aussi plusieurs fois à l'éclairage des Champs-Élysées pendant les grandes fêtes publiques.

La lumière électrique ne devait pas tarder à trouver d'autres applications plus sérieuses, et après avoir fait son entrée dans le monde par les coulisses des théâtres, elle allait enfin prendre place dans les cours scientifiques.

Dans les cours de physique, la plupart des expériences d'optique ne pouvaient être présentées au public à défaut de la lumière solaire, sur laquelle on ne peut jamais compter, car, au moment d'une expérience, il suffit qu'un nuage passe sur le disque de l'astre pour la rendre impossible, et d'ailleurs les cours qui se font le soir, comme au Conservatoire, devaient négliger les expériences les plus intéressantes faute de lumière. La lumière électrique, fournissant des rayons lumineux d'une intensité sans pareille, permit d'exécuter ces expériences et de les rendre visibles en même temps à un nombreux auditoire en projetant sur un écran le phénomène réalisé sur une petite échelle.

Le *microscope photo-électrique*, qui est une lanterne magique perfectionnée, permit aussi de faire en public des expériences qui exigeaient l'emploi du microscope. Que dans un cours d'histoire naturelle un professeur fasse l'anatomie d'un insecte de très petite dimension, il ne pourra donner une idée complète de la structure s'il ne fait pas voir cet insecte. Or le microscope ne peut servir qu'à une seule personne à la fois, et il est impossible que les auditeurs y regardent l'un après l'autre. Le microscope photo-électrique projette sur un écran un petit objet en le grandissant considérablement. Une puce, par exemple, peut être présentée en même temps à cinq cents personnes qui la verront apparaître sur un écran sous la forme d'un monstre d'un demi-mètre de hauteur.

Ainsi la lumière électrique a rendu de grands services à l'enseignement des sciences : les expériences fondamentales de l'optique et celles qui nécessitent le concours du microscope, n'ont été vulgarisées que depuis son emploi.

Elle pouvait trouver des applications plus utiles encore dans l'éclairage des places ou des villes. Il y a quelques années, cette question fut soulevée à propos des travaux exécutés au pont Notre-Dame et de ceux qui avaient pour but de construire les docks Napoléon et le Louvre. Ces travaux devant se poursuivre de nuit, il s'agissait de fournir à chaque ouvrier la lumière nécessaire à son travail. Des essais multipliés ont montré quelles difficultés on aurait à vaincre pour employer la lumière électrique. La principale est qu'on ne peut échelonner plusieurs arcs voltaïques sur un même circuit électrique et qu'il faut se borner à n'éclairer qu'un seul point à la fois, ce qui produit un rayon lumineux très intense près duquel règne l'obscurité, l'intensité de la lumière décroissant en raison directe du carré des distances. La lumière électrique d'ailleurs coûtait trois fois plus cher que la lumière du gaz, et cette dernière considération fit abandonner ce projet d'éclairage. Aujourd'hui que l'on peut disposer des appareils magnéto-électriques, la dépense est à peu près la même pour les deux modes de production de lumière.

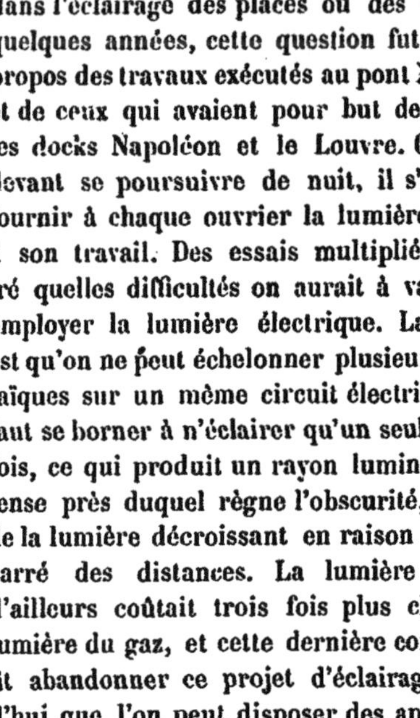

FIG. 40. — BOUGIE ÉLECTRIQUE DE M. JABLOCHKOFF.

Des progrès immenses ont été réalisés dans ces derniers temps et ont permis de vulgariser si bien l'emploi de l'éclairage électrique, que nous le voyons utilisé autour de nous comme lumière de luxe, pour éclairer les grands magasins ou les quartiers élégants des grandes villes. — Un ingénieur,

M. Jablochkoff, a supprimé le régulateur des lampes électriques en imaginant la bougie électrique (fig. 40), où les deux charbons de cornue à gaz *c d* ne sont plus placés bout à bout,

FIG. 41. — LANTERNE DE LUMIÈRE ÉLECTRIQUE.

mais bien parallèlement, et séparés par une substance isolante fusible *i* qui leur permet de brûler à la façon d'une bougie. — Ces crayons, placés dans un globe de verre dépoli, servent à l'éclairage de plusieurs voies publiques à Paris et à Londres (fig. 41). La source de l'électricité n'est plus la pile, mais bien les machines magnéto-électriques, si savamment perfectionnées par M. Gramme et par quelques autres physiciens.

La lumière électrique a été produite d'une façon analogue pendant le siège de Paris, au moyen de machines magnéto-électriques de l'Alliance, machines que l'on voit représentées à droite de notre gravure 42. L'électricité est produite par la rotation d'aimants, en face de bobines d'induction. Cette rotation s'obtient par une machine à vapeur. Pendant la guerre de 1870-71, les Parisiens lançaient ainsi des faisceaux de lumière pour surveiller les environs pendant la nuit.

La lumière de l'arc voltaïque a de grandes analogies avec celle que nous envoie le soleil; une grande ressemblance d'aspect et de nombreuses propriétés semblables. Les rayons de l'arc voltaïque, comme les rayons solaires, effectuent certaines combinaisons chimiques, unissent, par exemple, le chlore à l'hydrogène, noircissent le chlorure d'argent et agissent enfin sur la couche sensible des plaques daguerriennes. Chaque fois qu'on voudra reproduire les fresques intérieures d'un monument obscur, ou un objet quelconque que n'éclairera pas la lumière solaire, l'arc voltaïque pourra servir à la photographie.

Une autre question très utile qu'a fait naître la lumière électrique est celle de l'éclairage des phares et des vaisseaux qui, dans les temps de brume, risquent de se heurter au grand péril des équipages.

Il est inutile d'insister sur l'importance des phares (fig. 43) et sur la nécessité d'un centre lumineux assez intense pour être vu en mer et percer de ses rayons étincelants l'épaisseur du brouillard.

Les machines magnéto-électriques sont avantageusement employées sur les navires en Angleterre et en France.

L'emploi de la lumière électrique pour les phares a longtemps présenté un grave inconvénient. Il était impossible

FIG. 42. — LA LUMIÈRE ÉLECTRIQUE PENDANT LE SIÉGE DE PARIS.

d'obtenir avec l'arc voltaïque une lumière d'une constance absolue, ce qui est indispensable. Le phare n'indique pas seulement aux bâtiments l'approche de la côte, il leur fait reconnaître le lieu où ils se trouvent.

De là les phares tournants qui produisent des *éclipses* d'une durée connue; de là les phares diversement colorés. Pour que ces effets se produisent, il faut un éclairage d'une intensité constante, que l'on obtient avec les lampes Carcel, et que *la lumière électrique ne donnait pas autrefois.* Depuis on a paré à ces inconvénients.

Il est permis de croire que la puissante lumière que Davy a su tirer du circuit électrique, projettera un jour ses rayons étincelants sur les mers et dissipera, par son admirable clarté, l'obscurité de la nuit!

Cette question de l'éclairage des phares est d'ailleurs étudiée par un grand nombre d'ingénieurs et de savants, qui comprennent l'utilité de ces lampes de l'Océan et s'attachent à en augmenter la perfection. « Qui peut dire combien d'hommes et de vaisseaux sauvent les phares? La lumière vue dans ces nuits horribles de confusion, où les plus vaillants se troublent, non seulement montre la route, mais elle soutient le courage, empêche l'esprit de s'égarer. C'est un grand appui moral de se dire, dans le danger suprême : Persiste! encore un effort!... si le vent, la mer sont contre toi, tu n'es pas seul; l'humanité est là qui veille pour toi. »

Il nous reste à dire quelques mots de deux autres lumières artificielles, capables de lutter d'éclat avec celle qui produit l'arc voltaïque.

Lancez un jet de gaz hydrogène enflammé sur un simple morceau de craie taillé en pointe, vous ne tarderez pas à voir rougir ce bout de craie, il deviendra lumineux et projettera aux alentours une lueur éblouissante dont on ne peut supporter l'éclat. Cette expérience a été réalisée, la première fois, par Drummond, dont le nom est resté attaché à la lumière qu'il sut ainsi produire.

Prenez un fil de *magnésium*, métal blanc grisâtre décou-

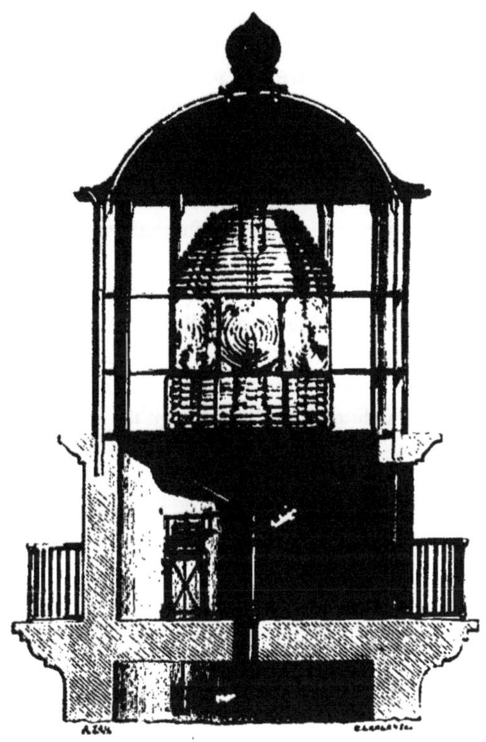

FIG. 43. — ASPECT DES LENTILLES D'UN PHARE.

vert depuis 1830, introduisez-le dans une flamme quelconque, dans celle d'une bougie, par exemple ; ce métal brûlera, se combinera avec l'oxygène de l'air, en se transformant en magnésie, et développera, par sa combinaison avec un des éléments de l'air, mille rayons étincelants d'une intensité que rien ne peut décrire.

Dans ces derniers temps, on a beaucoup parlé de cette nouvelle lumière et les photographes l'ont employée fréquemment. La lumière au magnésium est aujourd'hui à la portée de tout le monde; chacun peut se procurer, pour une modeste somme, un mètre du précieux métal et répéter avec une simple bougie cette curieuse expérience.

On a déjà construit, pour l'emploi du magnésium, plusieurs appareils qui sont des lampes d'un nouveau genre, fournissant une lumière égale à celle que produiraient 1200 bougies, en supposant qu'elles fussent toutes réunies au même point.

Voilà certes, avec la lumière électrique et la lumière Drummond, de bien remarquables merveilles; ces rayons lumineux constituent des soleils artificiels, on ne manquera pas de les utiliser à de nombreux usages et de leur trouver des usages dignes de l'éblouissante lumière qu'ils fournissent.

ONZIÈME CAUSERIE

LA NITROGLYCÉRINE ET LA DYNAMITE

L'histoire des origines de la poudre de canon, qui peut être considérée comme la première des matières explosibles, est enveloppée de ténèbres; le moine allemand Berthold Schwartz, qui vivait au commencement du XIVe siècle, en a été longtemps regardé comme l'inventeur. Si l'on en croit la légende, le moine Schwartz aurait laissé tomber sur le sol de son laboratoire un mortier recouvert d'une pierre et rempli d'un mélange formé de charbon, de soufre et de salpêtre. Il se produisit une explosion terrible (fig. 44). Le moine fut d'abord épouvanté; mais bientôt, revenu de sa stupeur, il reconnut les propriétés balistiques de la poudre. Les noms de Roger Bacon et de l'alchimiste Albert Legrand ont été prononcés souvent au sujet de la poudre, mais nous n'insisterons pas sur ce sujet, ayant voulu seulement le mentionner, pour passer ensuite à quelques nouvelles substances modernes.

Depuis l'époque de l'invention de la poudre à canon jusqu'à notre siècle, l'histoire des substances explosibles n'enregistre pas de progrès saillants. Mais depuis un petit nombre d'années on peut signaler des découvertes nouvelles d'une importance considérable. C'est surtout en 1846, lorsque M. Schœnbein produisit pour la première fois le coton-poudre, que l'art de préparer les matières fulminantes vit s'ouvrir de nouveaux horizons. M. Schœnbein s'était borné à signaler les effets balistiques du coton-poudre, sans indiquer son mode de préparation. La nouvelle substance étonna singulièrement le monde scientifique. Ce coton, qui ne diffère en aucune façon apparente de la ouate ordinaire, qui brûle comme la poudre au contact d'une flamme, causa une véritable stupéfaction parmi les chimistes. Grâce à de persévérantes recherches, on ne tarda pas à découvrir le mode de préparation de la nouvelle substance; on l'obtint par l'action de l'acide nitrique sur les matières cellulosiques, telles que coton, papier, etc. M. Schœnbein se décida alors à publier son procédé de préparation, qui consistait à faire agir sur le coton cardé un mélange d'acide nitrique et d'acide sulfurique.

Peu de temps après, en 1847, M. A. Sobrero eut l'idée d'étudier l'action spéciale de l'acide nitrique sur d'autres substances organiques, sur la glycérine notamment, qui s'obtient, comme on le sait, dans la saponification des corps gras. La glycérine, ce *principe doux des huiles*, comme l'appelait Scheele, cette matière inoffensive, dont la saveur est douce et sucrée, se transforme, sous l'action de l'acide nitrique, en un liquide détonant, terrible, le plus énergique des produits explosifs connus. « La nitroglycérine, suivant l'opinion de M. Berthelot, disloque les montagnes; elle déchire et brise le fer, elle projette des masses gigantesques. »

Mais cette nitroglycérine, découverte par Sobrero, resta longtemps sans application; on ne considéra guère cette substance que comme un produit dangereux, et pendant dix-sept ans elle demeura à l'état de curiosité de laboratoire. C'est seulement en 1864 qu'un ingénieur suédois, M. Nobel, commença à l'utiliser dans l'industrie et à mettre à profit, dans le tirage des mines et des roches, son énorme force explosive.

On ne tarda pas à reconnaître, en Amérique et en Europe, que l'emploi de la nitroglycérine offrait, dans le sautage des roches, une économie considérable sur celui de la poudre de mine. Mais la difficulté de régler les condi-

FIG. 44. — LE MOINE SCHWARTZ.

tions de sa détonation causa toute une série d'accidents effroyables. On cita des exemples nombreux d'explosion spontanée de nitroglycérine, bien faits pour terrifier ceux qui étaient disposés à se servir de la nouvelle matière. Les explosions survenues à Aspinwall, à San-Francisco, à Sydney, à Hirschberg en Silésie, alarmèrent à juste titre les gouvernements des divers pays civilisés; elles furent en effet si soudaines, si effroyables, que jamais semblables sinistres n'avaient été signalés dans les annales de l'industrie. Le lecteur va en juger par quelques faits que nous croyons intéressant de reproduire, d'après un mémoire lu à la Société des ingénieurs de Londres.

En 1866, le steamer *Européen* débarquait sa cargaison le long du warf de la compagnie d'Aspinwall. Tout à coup une explosion formidable se fait entendre. Le pont, les agrès et les flancs du navire volent en éclats et sont projetés au loin. Quinze personnes sont littéralement mises en pièces par la détonation. L'*Européen* avait à son bord plusieurs caisses de nitroglycérine, qui avaient fait explosion au moment où les porteurs les avaient trop brusquement maniées. Quelques jours après, le steamer *Pacifique* débarquait à San-Francisco deux barils de nitroglycérine. A peine ces barils furent-ils portés en ville, qu'ils éclatèrent spontanément. La détonation fit plusieurs victimes; elle se produisit avec une violence si extraordinaire, que tout un quartier fut littéralement ébranlé, comme il aurait pu l'être sous l'action d'un tremblement de terre.

En présence de semblables sinistres, tout le monde se révoltait contre l'emploi de la nitroglycérine, et l'opinion réclamait avec instance l'abandon d'une substance que l'on était en droit de considérer comme un danger public. Peu à peu l'usage de la nitroglycérine devint moins fréquent, jusqu'en 1867, époque à laquelle M. Nobel eut l'idée de mélanger cette substance explosible avec un corps inerte, pulvérulent comme la silice. La nitroglycérine, divisée par son mélange avec le corps pulvérulent, ne perd en aucune façon ses propriétés énergiques, mais elle ne détone que sous l'action d'une forte amorce de fulminate de mercure, et le maniement en devient pratique et sans danger. Ce mélange de nitroglycérine et d'une poudre inerte, fut désigné sous le nom de *dynamite.*

Désormais les craintes justifiées dont l'usage de la nitroglycérine était l'objet, cessèrent d'exister. L'emploi de cette force nouvelle, mise entre les mains des industriels par la chimie, se généralise de jour en jour ; les gouvernements, loin d'interdire aujourd'hui l'usage de la dynamite, en encouragent en quelque sorte les applications. C'est ainsi que, tout *récemment, une commission* chargée d'examiner un projet de loi sur le prix de vente de la nouvelle matière explosible a reconnu dans son rapport à l'Assemblée nationale l'innocuité de son emploi.

La nitroglycérine est un liquide huileux, doué d'une odeur faiblement éthérée et aromatique, qui produit des maux de tête. Sa saveur, d'abord légèrement sucrée, est âcre et brûlante. La nitroglycérine est soluble dans l'éther, l'esprit de bois (alcool méthylique) et l'alcool ordinaire. Ce curieux composé ne détone pas sous l'action d'une flamme ou de la chaleur; il ne fait explosion que par l'effet d'un choc.

« Si l'on soumet, dit M. Abel, à l'influence d'une source de chaleur suffisamment intense une portion de la masse liquide, on obtient à l'air libre une inflammation et une combustion graduelles que n'accompagne aucune explosion. Il arrive même, lorsqu'on met la nitroglycérine à l'abri du contact de l'air, que l'on rencontre une véritable difficulté pour faire naître et développer avec certitude la force explosive à l'aide d'une source de chaleur ordinaire. Mais si l'on soumet la matière à un choc brusque, comme celui d'un marteau vigoureusement frappé sur une surface dure, on obtient une explosion accompagnée d'une détonation. »

En général, pour faire détoner la nitroglycérine, on produit une espèce de choc ou d'ébranlement au moyen de l'explosion d'une amorce fulminante; le fulminate de mercure réussit dans presque tous les cas à ébranler la masse et à la décomposer subitement.

M. Berthelot, à qui l'on doit un magnifique travail sur les matières explosibles, nous mentionne quelques chiffres du plus haut intérêt, qui donnent une idée de l'extraordinaire puissance de la nitroglycérine : « 1 kilogramme de nitroglycérine, dit le savant chimiste, détonant dans une capacité égale à 1 litre, développera une pression théorique de 243 000 atmosphères, quadruple de celle de la poudre, une température de 93 400 degrés, et une quantité de chaleur égale à 10 700 000 calories; le travail maximum sera presque triple de celui de la poudre. 1 litre de nitroglycérine pèse 1 kil. 60. En détonant dans une capacité complètement remplie, comme il arrive dans un trou de mine, ou bien quand on opère sous l'eau, cette substance devrait développer une pression de 470 000 atmosphères, huit à dix fois aussi grande que celle produite par le même volume de poudre. La chaleur dégagée étant de 38 000 000 calories, le travail maximum pourra s'élever à plus de 16 milliards de kilogrammètres, valeur quintuple de celle du travail maximum de la poudre sur le même volume. Ces chiffres colossaux ne sont sans doute jamais atteints dans la pratique, surtout à cause des phénomènes de dissociation; mais il suffit qu'on en approche pour expliquer pourquoi les travaux et surtout les pressions développées par la nitroglycérine surpassent les effets produits par toutes les autres matières explosibles usitées dans l'industrie. Les rapports que les chiffres signalent entre la nitroglycérine et la poudre, par exemple, s'accordent assez bien avec les résultats empiriques observés dans l'exploitation des mines[1]. »

1. *Comptes rendus de l'Académie des sciences*, t. LXXI, 1870.

On conçoit, d'après ces faits, quelles ressources la nitroglycérine met entre les mains de l'industrie dans le travail des mines, dans la perforation des tunnels, etc., mais malheureusement ce capricieux agent détone parfois, comme nous l'avons vu par les accidents cités plus haut, sous l'influence d'un choc insignifiant. Une caisse de nitro-glycérine est posée lourdement sur le sol; il n'en faut peut-être pas davantage pour déterminer l'explosion de la terrible substance. Aujourd'hui la nitro-glycérine ne s'emploie plus guère qu'à l'état de *dynamite*.

La dynamite, dont le nom vient du grec (δύναμις, force, puissance), est un mélange mécanique de nitroglycérine et de silice poreuse. Cette silice constitue par la porphyrisation une poudre blanche qui peut absorber par le mélange jusqu'à 75 pour 100 de nitroglycérine. « L'absorption de la nitroglycérine dans les grains de silice, dit M. Barbe, auteur d'un remarquable mémoire sur la dynamite, place le liquide dans les interstices d'une substance poreuse susceptible de mobilité et ne transmettant pas les chocs même les plus violents. Les petits canaux de cette silice forment de petits réservoirs d'huile explosive dans lesquels le liquide n'est maintenu que par l'action de capillarité. Des chocs violents appliqués à de grandes masses de dynamite produisent une compression des molécules, leur déplacement, peut-être même l'écrasement partiel de quelques vaisseaux infiniment petits, mais les particules de la masse de nitroglycérine elle-même ne reçoivent pas le choc nécessaire à leur explosion. Ces considérations ont été entièrement confirmées par la pratique. Le mélange de la nitroglycérine et de la silice s'effectue très simplement. La porosité de la silice assure une répartition uniforme. »

Il existe un grand nombre d'autres substances pulvérulentes propres à servir d'absorbant de la nitroglycérine. Le kaolin, le gypse, et surtout le sucre en poudre, donnent de bons résultats, d'après les travaux de MM. Ch. Girard, Millot et Vogt. D'après les travaux de M. Paul Champion, le plâtre peut absorber jusqu'à 50 pour 100 de nitroglycérine, le carbonate de magnésie 75 pour 100. M. Champion utilisait pendant le siège de Paris une dynamite formée de cendres de *boghead* (résidu de la fabrication du gaz riche d'éclairage) mélangées avec 55 pour 100 de leur poids de nitroglycérine.

La dynamite offre l'aspect d'une matière pulvérulente; elle est généralement formée, quand elle est bien préparée, de 64 à 70 pour cent de nitroglycérine et de 36 à 30 pour 100 de matière pulvérulente. La dynamite à 60 pour 100, bien fabriquée, soumise au choc du marteau sur une enclume, ne détone pas comme la nitroglycérine. Si la température s'élève à 40 ou 50 degrés centésimaux, l'explosion a lieu. Elle se produit encore, mais partiellement, sans s'étendre aux parties avoisinantes, si on la frappe violemment quand elle est étendue en couche très mince. Nous ne décrirons pas les expériences qui ont été faites par de nombreux expérimentateurs sur l'action du choc sur la dynamite, nous nous bornerons à résumer ces travaux divers, en disant avec MM. Bolley, Kundt et Pestalozzi : « On peut faire tomber d'une grande hauteur des caisses remplies de dynamite sans qu'il y ait explosion. » Cette substance détonante bien emballée peut donc être presque impunément transportée ; cependant, quand elle est à l'état libre et qu'elle est soumise à un choc violent produit entre deux corps durs, fer contre fer par exemple, elle ne manque pas de se décomposer.

Les derniers observateurs que nous venons de citer ont étudié l'action de la chaleur sur la dynamite. Voici ce qu'ils disent à ce sujet : « On place une cartouche de dynamite dans un étui de fer-blanc ouvert à une extrémité. Jetée dans le feu, cette dynamite brûle sans faire explosion. Après avoir mis de la dynamite dans le même tube, on le ferma avec un bouchon métallique à vis et on le plaça de nouveau dans un feu ardont. On eut bientôt une forte détonation, et les charbons furent dispersés de tous côtés. De ces expériences on peut conclure que la dynamite, à nu ou sous une enveloppe présentant une faible résistance, ne peut faire explosion sous l'action du feu le plus intense, et qu'au contraire, dans les mêmes circonstances, elle peut produire une explosion considérable quand elle est enfermée dans une enveloppe de quelque résistance. »

L'emploi de la dynamite dans l'industrie a acquis depuis peu une importance considérable. Quand on veut se servir de cette substance explosible, on la fait détoner en enflammant une amorce au fulminate de mercure mélangé de nitrate de potasse (salpêtre). La cartouche de dynamite peut être munie d'une mèche analogue à celle dont on se sert depuis longtemps dans les mines pour l'explosion de la poudre. Mais il est très avantageux, dans un grand nombre de cas, de faire partir la dynamite à distance à l'aide d'un courant électrique dirigé par un fil conducteur. Après avoir placé la dynamite dans le trou de mine que l'on veut faire sauter, après y avoir superposé l'amorce destinée à la faire détoner, munie au préalable de fils de platine, on adapte à ceux-ci les fils conducteurs de l'électricité, que l'on déroule jusqu'au point d'où l'on veut déterminer l'explosion. Il ne s'agit plus que de faire passer le courant électrique dans les fils conducteurs; il arrive jusqu'aux fils de platine dont l'amorce est munie, il jaillit sous forme d'étincelle, enflamme une petite mèche de coton-poudre, fait détoner le fulminate de mercure et produit enfin l'explosion de la dynamite. — Un *exploseur magnéto-électrique*, très employé pour ce mode d'expérimentation, est dû à M. Bréguet; il consiste en une armature de fer doux en contact avec les pôles d'un aimant. Nous ne décrirons pas les dispositions de cet appareil, nous nous bornerons à dire qu'il suffit de donner un coup de poing sur un bouton auquel l'armature est adaptée par l'intermédiaire d'un levier, pour donner naissance à une étincelle électrique due aux courants d'induction qui ont pris naissance (fig. 45). Cet appareil ne nécessite ni pile, ni accessoire d'aucune espèce; il est toujours prêt à fonctionner et offre les plus sérieux avantages. Le sautage de palissades a souvent été opéré

FIG. 45. — EMPLOI DE L'EXPLOSEUR DE BREGUET POUR FAIRE PARTIR A DISTANCE UNE CARTOUCHE DE DYNAMITE.

en temps de guerre au moyen de cet instrument vraiment remarquable. Une ou plusieurs cartouches de la matière explosible ont été placées à la base des palissades à faire sauter, des fils conducteurs de l'électricité mettent en relation ces cartouches avec l'*exploseur* que l'on voit représenté sur le premier plan. Un coup de poing donné sur le bouton de l'appareil fait passer un courant électrique dans les fils conducteurs, l'étincelle jaillit à leur extrémité et détermine la détonation de la dynamite. Un mur peut être lézardé et fissuré à distance, comme le représente la figure 45, et cela par le seul intermédiaire d'un fil métallique presque invisible, conducteur du courant électrique. Les applications de la dynamite à la guerre ouvrent ainsi à l'art militaire de nouveaux horizons; cette substance d'une si grande puissance peut servir à abattre avec une étonnante promp-

FIG. 46. — EFFET DE L'EXPLOSION D'UNE TORPILLE SOUS L'EAU.

tude des palissades, des murs, des maisons et des ouvrages d'art. Quelques parcelles de dynamite, placées dans des orifices ouverts dans un tronc d'arbre, font immédiatement tomber l'arbre entier quand on détermine leur explosion. Cette matière fulminante a aussi été efficacement employée à ouvrir des tranchées dans un sol gelé, sur lequel la pioche était sans action. Elle peut encore déterminer le brisement rapide des canons ennemis : il n'est pas, en un mot, de destructeur plus énergique, et de matière plus détonante, plus puissante. Nous ne croyons pas nécessaire d'ajouter que ces qualités en font un agent précieux dans la confection des torpilles que la marine étudie aujourd'hui avec une si grande attention (fig. 46) et des bateaux-torpilleurs qui lancent dans les flancs d'un vaisseau ennemi la terrible cartouche (fig. 47).

FIG. 47. — MANŒUVRE D'UN BATEAU TORPILLE APPORTANT UNE CARTOUCHE DE DYNAMITE DANS LES FLANCS D'UN NAVIRE CUIRASSÉ.

Les applications de la dynamite à l'industrie ne sont pas moins importantes; le mélange de nitroglycérine et de silice fabriqué dans de nombreuses usines, notamment en Italie, (fig. 48) est employé journellement au percement des galeries et des tunnels; le percement du mont Saint-Gothard a été opéré par la dynamite entassée dans les trous de mine dont on perforait ses flancs. La dynamite sert à l'abatage des roches, des minerais, dans les mines et les carrières (fig. 49), au fonçage des puits, aux travaux de tranchées des chemins de fer, aux travaux sous-marins (fig. 50 et 51). On l'emploie souvent pour le brisement des glaces à la surface des fleuves lors des hivers rigoureux, comme celui de 1879-1880, ou dans les mers polaires pour débloquer les vaisseaux (fig. 52). On s'en sert encore pour l'exploitation des terrains gelés. Elle rend

FIG. 48. — FABRIQUE DE DYNAMITE D'AVIGLIANA, PRÈS TURIN.

enfin de grands services pour la division des blocs métalliques, ou de laminoirs, que l'industrie ne saurait diviser en fragments sans son concours.

M. Barbe, qui a étudié de près ces différentes applications de la dynamite, nous donne le récit de curieuses expériences qu'il a exécutées lui-même. Dans les carrières de calcaire de Volcksen, en Hanovre, trois coups de mine chargés de 5 kilogrammes de dynamite ont détaché 600 000 kilogrammes de roche ! Dans le creusement d'un puits, le *même expérimentateur* a vu la dynamite produire des effets extraordinaires. La roche, à partir du trou central, se fissurait suivant des *lignes rayonnantes* et se disloquait complètement, de telle sorte qu'il était facile de l'extraire au *coin*. Rapportons encore une expérience très intéressante faite dans une argile très grasse, très ferme, où la poudre à canon ne produisait

FIG. 40. — EXPLOITATION D'UNE CARRIÈRE PAR LA DYNAMITE.

aucun effet. La nouvelle matière explosible donna des résultats étonnants : « *Une montagne entière*, dit M. Barbe, fut soulevée et déchirée dans tous les sens. »

« Les ponts métalliques tombés, dit M. P. Champion, sont d'un relèvement difficile, à cause de leur poids et de la longueur des pièces qui les composent ; on a souvent avantage à les briser en fragments, dont l'extraction s'exécute ensuite à l'aide des moyens ordinaires. Dans ce cas, ainsi que nous l'avons pratiqué au pont en tôle de Billancourt, il suffit en général d'appliquer des récipients pleins de dynamite contre les parois métalliques les plus résistantes. C'est ainsi qu'avec une charge de 5 kilogrammes de dynamite, nous avons pu briser et disjoindre les rivets réunissant des plaques de tôle d'une épaisseur de 12 millimètres chacune. »

Un dernier usage de la dynamite nous reste à signaler: on l'a employée pour la pêche. Dans les travaux sous-marins, on a remarqué depuis longtemps que, lorsqu'une forte charge

FIG. 50. — EXPLOSION D'UN ROCHER SOUS-MARIN AU MOYEN DE LA NITROGLYCÉRINE.

de dynamite a fait explosion, l'ébranlement formidable se communique à la masse d'eau qui s'étend au-dessus du lieu de la commotion, et cause la mort ou l'étourdissement des poissons, que l'on voit immédiatement remonter à la surface de l'eau et y flotter complètement inertes.

« Entre des mains exercées, la dynamite peut donner lieu à des résultats importants. On insère dans une cartouche du poids de 50 à 60 grammes une amorce surmontée d'une mèche Bickford, de 30 à 40 centimètres de longueur, que l'on fixe par une ligature solide. On attache la cartouche à un fragment de bois qui doit servir de flotteur et qui est muni d'une corde longue de 1 mètre, à l'extrémité de laquelle on place une pierre assez lourde pour entraîner ce flot-

FIG. 51. — DESTRUCTION D'ÉCUEILS SOUS-MARINS PAR LA NITROGLYCÉRINE. SCAPHANDRES CREUSANT LES TROUS DE MINE AU FOND DE L'EAU.

teur. Dans ces conditions, la cartouche surnage à un mètre au-dessus du fond de la rivière. On descend avec précaution sous l'eau la cartouche ainsi préparée et on l'abandonne après avoir mis le feu à la mèche. Au moment de l'explosion, si la distance de la cartouche à la surface de l'eau est d'environ $2^m,50$, on n'entend qu'un bruit analogue à celui d'un coup de fouet. Quelques secondes après, l'eau est soulevée en forme de boule de 1m,50 de diamètre. Les poissons les plus rapprochés de l'explosion ne tardent pas à monter à la surface ; ils ont été tués sur le coup. Les autres n'apparaissent que quelques instants et ne sont qu'étourdis. L'approche de la main qui veut les saisir suffit quelquefois pour les rani-

FIG. 52. — SAUTAGE DES GLACES DANS LES RÉGIONS POLAIRES OPÉRÉ PAR LA DYNAMITE POUR DÉGAGER UN NAVIRE.

mer et les faire disparaître. Aussi doit-on se hâter de les recueillir avec un filet. » Cette méthode est de celles qui sont complètement prohibées en France par les lois de la pêche. Elle est actuellement employée en Norvège pour pêcher les poissons de mer qui arrivent en bancs innombrables à certaines époques de l'année et elle produit des résultats merveilleux. L'explosion d'une cartouche puissante amène à la surface de la mer des monceaux de poissons, tellement considérables, que les pêcheurs ont à peine le temps de les recueillir.

On voit par ces résultats que la dynamite peut être considérée comme une arme nouvelle d'une puissance formidable, mise entre nos mains par la chimie moderne; cette matière détonante n'offre plus les dangers de la nitroglycérine pure : elle se présente aujourd'hui comme le plus admirable outil dont l'homme dispose pour attaquer la matière inerte, dans les grands travaux de son industrie. Nous en donnerons un bel exemple dans notre prochaine causerie.

DOUZIÈME CAUSERIE

DESTRUCTION D'HELL GATE

RÉCIFS DE LA RIVIÈRE DE L'EST, PRÈS DE NEW-YORK

On sait que la rivière de l'Est (*East River*), avant de traverser le port de New-York, est divisée en deux bras qui entourent une île, *Long Island*. La pointe de cette île se prolonge en un récif connu sous le nom de *Hallet Reef;* les eaux glissent en cet endroit à la surface de rochers, formant des écueils si redoutables pour les navigateurs, que ce chenal étroit a été désigné sous le nom de Porte d'Enfer (*Hell Gate*); il s'y formait, au moment du reflux, des tourbillons périlleux qui entravaient le passage des navires, sur une grande voie, ouverte entre New-York, la Nouvelle-Angleterre et le nord-est du continent américain.

Depuis longtemps les Américains avaient résolu de détruire ces récifs qui opposaient de si sérieuses entraves à leur marine. Après sept années d'efforts, les écueils de la Porte d'Enfer viennent d'être anéantis; ils se sont effondrés subitement sous le choc formidable de la dynamite. Ce résultat a vivement ému le monde savant et le public, de l'autre côté de l'Atlantique. L'importance des travaux préliminaires, la hardiesse des moyens employés, le succès complet qui a couronné l'expérience finale, nous ont engagé à retracer, d'après le *Scientific American* de New-York, l'histoire de cette gigantesque entreprise.

En 1848, MM. Davis et Porter, lieutenants de la marine des États-Unis, ont pour la première fois appelé l'attention du gouvernement américain sur les écueils de Hell Gate. Dans un rapport remarquable, ils recommandaient d'ouvrir un passage au milieu du chenal, en y faisant sauter les rocs, de manière à lui donner une profondeur suffisante pour que les navires à voiles et les bateaux à vapeur puissent y circuler sans danger. Ils insistaient sur les avantages dont la ville de New-York se trouverait dotée par ce travail, tant au point de vue commercial qu'en ce qui concerne la défense des côtes en temps de guerre. En 1852, le congrès alloua 115000 francs pour l'exécution de cette entreprise; le major Fraser, du corps des ingénieurs, commença les opérations, et à l'aide d'espèces de torpilles remplies de poudre à canon, et descendues au fond de l'eau sous les rochers, il put faire sauter les massifs les plus saillants et accroître la profondeur de l'eau de 18 à 20 pieds.

Voici tout ce qu'on put faire jusqu'en 1868, lorsque la question fut confiée à l'étude du général du génie des États-Unis, M. Newton. Les progrès accomplis dans l'art de perforer les roches permirent au général Newton de concevoir un projet grandiose. Il résolut de creuser un puits dépassant sous terre le fond de la rivière d'une profondeur de 12 mètres, d'ouvrir sous les eaux des galeries sur une superficie de 1 hectare et demi, en ménageant une série de piliers dans cette excavation, comme dans les carrières, de manière à soutenir la croûte superficielle, dont l'épaisseur varierait de 4 à 10 mètres, puis, à la fin de ces travaux de perforation, de faire voler en éclats, d'un seul coup, avec le concours de la dynamite et de l'électricité, l'énorme masse de rochers qui reposerait sur les piliers.

Les opérations commencèrent au mois d'août 1869. On construisit un batardeau de bois, fortement attaché aux rocs par des boulons traversant la charpente. Le batardeau fut épuisé par la pompe vers le milieu d'octobre, et les opérations nécessaires pour creuser le puits furent commencées dans les premiers jours de novembre et continuées jusque vers la mi-juin 1870, époque où les travaux se trouvèrent interrompus, les fonds alloués étant épuisés. A ce moment on avait enlevé 484 yards cubes de rochers (le yard vaut 914 millimètres) au prix de 5 dollars 75 cents (29 francs 60 centimes) le yard. Dans la dernière moitié de juillet, les travaux furent repris et, pendant cette année fiscale, le puits fut poussé jusqu'à la profondeur désirée de 33 pieds au-dessous du niveau de la mer basse. Les orifices de dix tunnels furent ouverts à des distances variant de 51 à 126 pieds. Deux des galeries transversales avaient de même été ouvertes. On creusa cette année un total de 8300 yards cubes de roc, et tout le forage fut fait à la main. L'année suivante, le forage à vapeur remplaça en partie le forage manuel, et le travail avança plus rapidement. En 1871, on creusa, 1653 pieds de tunnels et 65 375 de galeries transversales. La quantité de rochers déblayés fut de 8293 yards cubes.

En employant six perforatrices Burleigh, on fora par mois 235 pieds de galerie. Jusqu'en juin 1873, on avait employé des perforatrices à main; toutefois 20160 pieds avaient été forés avec la perforatrice Burleigh et 7000 avec la perforatrice à diamant.

Une fois les trous de mine creusés, on faisait sauter le roc; puis on déblayait les blocs en les chargeant sur des wagons qui se rendaient par une voie ferrée au puits d'extraction, d'où on les enlevait jusqu'à la surface de la rivière.

Quand l'œuvre du percement des galeries souterraines fut terminée, on fora des trous de mine dans la voûte de la vaste excavation dont la surface supérieure formait le fond de la rivière.

Lors du travail des creusements de haut en bas, l'infiltration de l'eau marine était de 300 gallons (1350 litres) par minute; lors du creusement de bas en haut, les infiltrations furent de 500 gallons par minute (2250 litres), parce qu'il était impossible d'empêcher continuellement la formation de fissures. Pour remédier à cet inconvénient, on boucha les trous où des fissures s'étaient manifestées. La galerie extérieure et l'entrée n° 4 (fig. 53) furent creusés plus profondément pour former une rigole et conduire l'eau infiltrée jusqu'au puits,

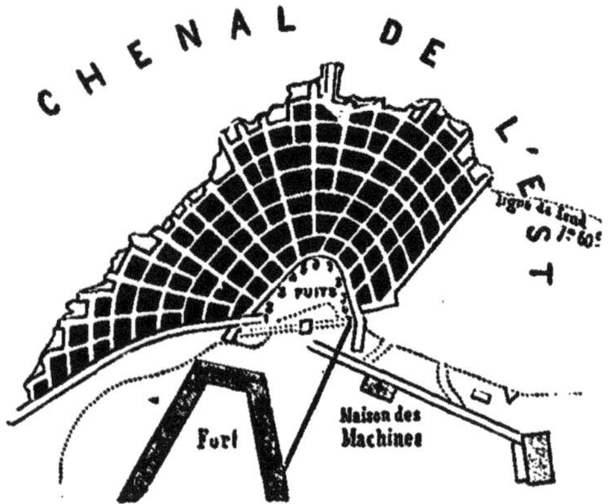

FIG. 53. — PLAN DES GALERIES SOUS-MARINES DE HELL GATE.

d'où on l'extrayait au moyen de pompes afin de la renverser dans la mer.

Ces travaux immenses furent terminés dans les premiers jours de septembre 1876. Il ne restait plus qu'à faire sauter les piliers et la voûte de la grande excavation souterraine.

Les 4462 trous de sonde qu'on y avait forés furent chargés comme des trous de mine; il fallut employer pour les remplir 28900 livres de dynamite, 9000 livres d'une autre matière explosible que les Américains désignent sous le nom de *rendrock*, 14452 livres de poudre *Vulcan*, c'est-à-dire en totalité plus de 52000 livres des matières explosibles les plus puissantes de la chimie moderne, n'attendant plus pour agir que le passage du courant électrique.

Les trous de mine avaient été perforés méthodiquement d'après les plans du général Newton et suivant des sections bien définies.

Les charges des différents trous de mine de chaque section furent reliées entre elles par des fils conducteurs (fig. 54), et une fusée composée des matières les plus explosibles, met-

FIG. 54. — DISPOSITION DES FILS ÉLECTRIQUES DANS LES GALERIES SOUS-MARINES DE HELL GATE.

tait en communication les charges de toutes les sections. Le passage de l'étincelle électrique dans un petit nombre de centres d'explosion allait ainsi suffire pour tout le système.

Le jour de l'explosion finale fut fixé au dimanche 24 septembre 1876. Ce fut un jour de fête pour New-York. Dès la matinée, plus de deux cent mille spectateurs couvraient les rivages de l'East River.

A 2 h. 25 le signal va être donné; on entend un premier coup de canon, qui résonne comme une sorte de *garde à vous* lancé par la bouche d'acier. Un second coup de canon est tiré à 2 h. 40. Le silence règne au milieu de la foule attentive et émue. La batterie électrique qui va déterminer l'explosion est installée sur le rivage. Le général Newton se tient auprès de l'appareil, avec sa femme et sa petite fille, âgée de 3 ans.

A 2 h. 50, on entend le troisième et dernier coup de canon. La petite fille du général touche un bouton de métal placé sous sa main (fig. 55); le courant électrique est établi. Un grondement souterrain se fait entendre, un frémissement agite le sol,

FIG. 55. — LA PETITE FILLE DU GÉNÉRAL NEWTON FAIT SAUTER LES GALERIES.

une immense gerbe d'eau jaillit en écume jusqu'à quarante pieds de hauteur et retombe avec fracas. Le silence se rétablit. Le récif de Hell Gate n'existe plus.

Aussitôt après l'explosion la navigation fut ouverte; les steamers défilèrent successivement le long du rivage désormais sans danger, et jusqu'au soir d'innombrables embarcations sillonnèrent la surface du fleuve.

Il faudra environ deux ans pour draguer les débris de *Hell Gate* et d'un autre écueil, que le général Newton s'occupe déjà de faire sauter. Cette roche sous-marine, nommée *Flood Rock*, a une superficie de 3 hectares, et nécessitera l'emploi de deux fois plus de dynamite qu le récif de *Hell Gate*.

TREIZIÈME CAUSERIE

LES MÉTAUX

On connaît environ cinquante métaux, qui sont doués des propriétés les plus diverses. Les uns sont mous comme de la cire et se coupent facilement au couteau : tels sont le *potassium* et le *sodium ;* les autres offrent les caractères d'une dureté plus ou moins grande : le *fer* est très dur, le *plomb* peut être rayé à l'ongle, et le *mercure* est liquide, etc. La couleur des métaux est variable, cependant elle est généralement d'un blanc grisâtre ; exceptons entre autres le *cuivre* et l'*or*. Il en est qui fondent à 58 degrés, presque aussi facilement que la cire ou l'acide stéarique de nos bougies ; il en est d'autres, comme le fer, qui exigent pour entrer en fusion les hautes températures des feux de forge. Le *platine*, enfin, se liquéfie seulement à 2000 degrés environ, sous l'influence d'un jet d'hydrogène brûlant sous l'action d'un fort courant de gaz oxygène.

Ainsi, les métaux présentent des caractères bien distincts ; mais ils se rapprochent aussi entre eux par des propriétés communes. Ils sont généralement tous opaques et doués d'un éclat particulier, qu'on appelle l'*éclat métallique ;* ils sont tous bons conducteurs de la chaleur et de l'électricité. — Voyez cette bougie allumée : nous plaçons au milieu de la flamme une toile métallique, un réseau formé par des fils de fer serrés les uns contre les autres; la flamme paraît être arrêtée par les petites mailles de métal, et cependant nul doute que les vapeurs combustibles ne continuent à s'élever à travers le réseau des fils, car on peut les enflammer au-dessus de la toile même. La flamme s'éteint si on abaisse la toile jusqu'à la partie inférieure de la mèche; elle ne s'éteint que parce qu'elle se refroidit sous l'action du métal. C'est grâce à cette propriété de conduire la chaleur que l'on a trouvé une si admirable application de la toile métallique dans la célèbre lampe de sûreté imaginée par sir H. Davy. — Il est encore un fait bien connu qui prouve la conductibilité dont sont doués les métaux : tout le monde sait qu'on se brûle en tenant à la main une cuiller d'argent dont une extrémité plonge dans l'eau bouillante, tandis qu'on n'éprouve aucune sensation de chaleur en tenant par un bout un charbon allumé par l'autre bout.

Nous avons dit que l'opacité des métaux était, avec l'éclat, une de leurs propriétés caractéristiques. Cependant ces propriétés ne sont pas absolues; quelques métaux cessent d'être opaques quand ils sont amenés à un état de grande ténuité. L'or peut être réduit en feuilles assez minces pour laisser passer un rayon de lumière, qui dans ce cas paraîtra de couleur verte. Un métal très divisé perd généralement tout son éclat. Le platine divisé devient noir; si on l'écrase dans un mortier, on lui rend la cohésion qu'il n'avait plus : il devient brillant en s'agglomérant.

Les métaux peuvent affecter des formes cristallines régulières, qui sont le cube, l'octaèdre et le dodécaèdre rhomboïdal; l'argent, l'or et le cuivre se trouvent sous ces différents états dans la nature. On peut obtenir artificiellement de superbes cristallisations de *bismuth* (fig. 56). Il suffit de faire fondre ce métal sous l'action de la chaleur, et de le soumettre à un refroidissement lent en l'abandonnant au contact de l'air. Quand la surface du métal en fusion commence à se figer, on verse la portion encore fluide, et on trouve au fond du vase en terre dans lequel on a opéré, des cristaux irisés, dérivés du cube, et d'un remarquable aspect. L'antimoine, le plomb, l'étain, ont une structure cristalline; mais il est impossible de les obtenir en cristaux analogues à ceux du bismuth.

Quand on soumet les métaux au choc du marteau, les uns s'aplatissent et s'écrasent en lames, les autres se brisent et se

FIG. 50. — BISMUTH CRISTALLISÉ.

réduisent en fragments : les premiers sont les métaux *malléables;* les seconds, les métaux *cassants*. Pour réduire les métaux en lames, on peut les battre au marteau ou les faire passer au laminoir. Pour les étirer en fils, on les fait passer à travers une filière composée d'une plaque d'acier percée de trous circulaires de diamètres de plus en plus petits.

Quelques métaux peuvent être laminés à froid ; d'autres ont besoin d'être portés à une température plus élevée. L'or, l'argent, le cuivre, sont les plus malléables des métaux; ce sont aussi les plus ductiles. On peut obtenir des feuilles d'or tellement minces qu'il en faut dix mille pour faire l'épaisseur d'un millimètre, et le platine peut s'étirer en fils aussi ténus que ceux d'une toile d'araignée.

La plupart des métaux peuvent se combiner avec l'oxygène de l'air. Le fer s'altère facilement au contact de l'air et se transforme en *rouille*, qui est un oxyde de fer. Quand on veut unir un métal avec l'oxygène, il est souvent nécessaire de faire intervenir l'action de la chaleur; quelquefois il faut employer une méthode indirecte. Certains métaux, comme le sodium ou le potassium, décomposent l'eau à froid. Un petit morceau de sodium lancé à la surface d'un vase plein d'eau s'y promène en se combinant à l'oxygène du liquide et en isolant le gaz hydrogène (fig. 57).

Faisons fondre dans un creuset ouvert quelques fragments

FIG. 57. — DÉCOMPOSITION DE L'EAU PAR UN FRAGMENT DE SODIUM FLOTTANT A SA SURFACE.

de zinc et chauffons jusqu'au rouge vif : le zinc s'unira à l'oxygène et se transformera en un oxyde blanc très léger, qui se répandra dans l'atmosphère sous forme de flocons de neige; il se produira en même temps un dégagement de lumière assez intense, et la surface métallique paraîtra être en ignition. Cette expérience était connue des alchimistes, et les fragments divisés d'oxyde de zinc s'appelaient de leur temps *lana philosophica* ou *nihilum album*.

Un petit fil de magnésium brûle en projetant autour de lui mille rayons étincelants analogues à la lumière électrique, et il suffit pour l'enflammer de le plonger un instant dans la flamme d'une bougie; dans ces conditions, il s'unit avec l'oxygène de l'air pour se transformer en magnésie blanche. Après la combustion, il ne reste plus que quelques fragments d'une poussière blanche dont la pharmacie fait un fréquent usage.

Chauffez du mercure au contact de l'air, il se recouvrira bientôt d'une pellicule rougeâtre qui est de l'oxyde de mercure. Cet oxyde, qui doit sa formation à la chaleur, peut être décomposé par l'action d'une chaleur plus intense, et se dédoubler en mercure métallique et en oxygène. Dans ce cas, la chaleur détruit ce qu'elle a produit.

Les métaux ont aussi une très grande affinité pour le chlore et le soufre. Un mélange de cuivre et de soufre en fleur soumis à l'action de la chaleur ne tarde pas à donner un grand dégagement de chaleur et de lumière, et à se convertir en une matière noire pulvérulente qui est du sulfure de cuivre.

Ce flacon, d'où vous voyez sortir une abondante vapeur qui jaillit dans l'air avec violence, renferme un mélange intime de fleur de soufre et de limaille de fer humecté d'eau. Pendant une demi-heure environ, la masse est restée inactive; mais le fer et le soufre n'ont pas tardé à s'unir entre eux en produisant bientôt une considérable élévation de température : l'eau est entrée en ébullition pour s'échapper par le passage qui lui était ouvert. Cette expérience célèbre, connue sous le nom de *volcan de Lémeri*, peut être reproduite en enfouissant dans la terre le flacon renfermant le mélange de soufre et de fer, et en recouvrant le tout de sable et de gravier; au bout de quelque temps on entend un léger bouillonnement, et la petite montagne qui recouvrait le mélange est violemment lancée dans l'air, au milieu d'une vapeur épaisse, imitation, sous une forme bien modeste, des éruptions volcaniques. Lémeri avait vu dans ce fait puéril une explication des phénomènes volcaniques; il va sans dire que nous ne devons y trouver qu'un exemple curieux de l'affinité chimique des métaux.

Les *chlorures*, résultant de l'union du chlore avec les métaux, offrent aussi un grand intérêt. Le chlore, comme l'oxygène, s'unit facilement avec le fer, le zinc, l'étain, le bismuth, etc., et il transforme ces métaux en composés plus ou moins volatils et souvent liquides. Faites passer un courant de chlore sec sur de l'étain fondu dans une cornue de terre, vous obtiendrez un composé incolore, liquide, fluide, très volatil, qui est le bichlorure d'étain ou *liqueur fumante de Libavius*. Les alchimistes, qui aimaient à animer leurs descriptions par des images, appelaient leurs combinaisons chimiques les *mariages* des corps entre eux; ils connaissaient l'action du chlore sur les métaux, et ce gaz avait, suivant leur expression, la propriété de *donner des ailes* aux corps qu'il transformait en composés facilement vaporisables.

Nous avons vu que le nombre des métaux s'élève à cinquante en viron; mais nous devons ajouter qu'il en est seulement un petit nombre qui sont assez utiles pour être intéressants.

On peut diviser les métaux en deux classes : la première comprend ceux qui sont inutiles aux arts à cause de leur grande affinité pour l'oxygène : c'est la classe des *métaux alcalins et terreux;* la deuxième comprend les métaux qui, n'ayant pour l'oxygène de l'air qu'une faible affinité, peuvent servir à l'industrie : c'est la classe des *métaux proprement dits.* Voici la liste assez courte des métaux qui offrent de l'importance, soit par eux-mêmes, soit par les composés auxquels ils peuvent donner naissance :

Métaux alcalins et terreux.

Potassium,	Strontium,
Sodium,	Calcium,
Baryum,	Magnésium.

Métaux proprement dits.

Fer,	Plomb,
Chrome,	Mercure,
Cobalt,	Bismuth,
Manganèse,	Étain,
Nickel,	Antimoine,
Aluminium,	Argent,
Zinc,	Or,
Cuivre,	Platine.

Alliages. — Tous les métaux peuvent s'unir ensemble et former des *alliages.*

Quelques alliages s'obtiennent très facilement. Le mercure s'unit directement, à la température ordinaire, avec presque tous les métaux, et le résultat de sa combinaison avec ceux-ci s'appelle un *amalgame*. Un morceau de sodium aplati dans du mercure s'enflamme et s'unit au métal liquide pour donner un produit solide et grisâtre. L'or, l'argent, se dissolvent dans le mercure presque aussi facilement que le sucre dans l'eau; mais, en général, pour allier les métaux ensemble, il est nécessaire de les faire fondre dans un même creuset.

La nature des alliages a souvent été discutée par les chimistes, qui se sont longtemps demandé s'ils devaient être considérés comme des mélanges ou des combinaisons chimiques. Les alliages sont des combinaisons, car leurs propriétés physiques et chimiques (densité, fusibilité, affinité chimique) diffèrent de celles des métaux qui les constituent. Cependant, leur composition n'étant pas toujours fixe, on doit les considérer comme des combinaisons tantôt isolées, tantôt réunies au métal qui leur a servi de dissolvant.

Le bismuth fond à 264 degrés, l'étain à 228, le plomb à 335. Si on fait fondre ces métaux dans la proportion de cinq parties du premier, deux du second et trois du troisième, on a un produit métallique qui fond à 92 degrés. Cet alliage remarquable est connu sous le nom d'*alliage de d'Arcet;* il est fusible dans l'eau bouillante, et cependant il a été formé par trois métaux fondant tous bien au-dessus de 200 degrés.

Cet alliage, suspendu par un fil de fer au milieu d'un jet de vapeur d'eau bouillante, fond immédiatement comme un morceau de cire. N'est-il pas singulier de voir un métal, d'un aspect analogue à celui de l'étain ou du zinc, se dissoudre dans la vapeur et se résoudre en gouttelettes liquides avec une grande rapidité?

Les alliages offrent une très grande utilité, car ils forment, pour ainsi dire, de nouveaux métaux qui peuvent présenter une utilité spéciale. Parmi tous les métaux connus, il en est seulement onze qui puissent être employés directement; ce sont : l'aluminium, le fer, le cuivre, le plomb, l'étain, l'argent, l'or, le mercure, le platine et le palladium. Leur emploi est limité, puisqu'il dépend de leurs qualités spéciales : en les unissant entre eux, on peut modifier leurs propriétés, multiplier leur usage, et les rendre propres à de nombreuses applications. Les alliages sont beaucoup plus employés que les métaux purs, et leur nombre augmentera certainement à mesure que l'industrie prendra de nouveaux développements. Tous les métaux que nous employons journellement sont alliés à d'autres métaux qui leur donnent de nouvelles qualités. Nos monnaies d'argent sont formées d'argent associé à du cuivre; les objets d'ornementation sont généralement faits en laiton, c'est-à-dire en cuivre renfermant du zinc; enfin, le bronze qui constitue nos canons est formé de cuivre et d'étain.

QUATORZIÈME CAUSERIE

LE CHARBON ET LE DIAMANT

Il n'y a rien de vil dans la nature, et il n'est pas de substance que l'industrie ne puisse mettre à profit; l'exemple du morceau de houille qui se transforme en gaz de l'éclairage, qui se métamorphose en violet d'aniline, une des plus admirables couleurs que l'art de la teinture ait jamais employées, en est une preuve incontestable. Ce charbon noirâtre, que Théophraste appelait avec mépris, il y a plus de deux mille ans, une « substance terreuse », est la base de la civilisation moderne, puisqu'il nourrit les machines à vapeur, ces infatigables ouvriers de fer qui se prêtent aux besoins multiples des sociétés modernes.

Parmi les milliers de substances aujourd'hui connues, il n'en est certainement pas deux qui contrastent d'une manière aussi nette que le charbon et le diamant. Quelle analogie y a-t-il entre ce premier corps, opaque et noir, tellement cassant qu'il tache les doigts par son seul contact, et le second, qui est transparent, qui jette mille feux étincelants dus à son éclat exceptionnel et qui est tellement dur que les anciens l'appelaient *adamas* (corps indestructible)? Le charbon est une des substances les plus communes et les moins chères; le diamant, au contraire, est très rare et très précieux. Eh bien! ce diamant si estimé, ce charbon si vulgaire ne forment qu'une seule et même substance, que les chimistes nomment *carbone;* le charbon est du carbone *amorphe* (sans forme), le diamant est du carbone *cristallisé;* ces deux corps ont une même composition, ce qui prouve que dans la nature minérale, comme souvent aussi dans la nature humaine, il ne faut pas se fier à l'enveloppe.

Le charbon, le diamant ne sont pas les seules variétés de la famille du carbone : le graphite, qui entre dans la confection des crayons, le coke, le noir de fumée, la houille, le noir animal, sont du carbone plus ou moins pur, et on peut voir par ces exemples que cette famille est riche en membres divers qui rendent tous de grands services à l'industrie.

Nous dirons plus tard comment on peut prouver que le diamant et le charbon ordinaire sont une seule et même substance; mais, pour le présent, sachez que les diamants bruts sont des cailloux qui ne diffèrent guère des cailloux de silex, et si vous en rencontriez sur votre chemin sans être prévenu, il se pourrait bien que vous ne vous baissassiez pas pour les ramasser; mais quand on use cette enveloppe rugueuse, le diamant apparaît dans toute sa transparence et il reflète avec éclat les rayons lumineux qui se jouent sur ses mille facettes. Les diamants cristallisés ont la forme de cubes ou d'octaèdres; ceux-ci, moins ternes que les précédents, ne sont pas encore d'une bien grande transparence; on dirait qu'une buée de vapeur en ternit la surface; c'est qu'ils n'ont pas encore été soumis à la taille. Les peuples anciens connaissaient le diamant; mais ils n'avaient pas imaginé l'art de le tailler; on attribue généralement la création de cet art à Louis de Berquem, et on prétend que le premier diamant taillé a été vendu à Charles le Téméraire au XVe siècle.

La taille du diamant constitue aujourd'hui une importante industrie localisée à Amsterdam, et on tente en vain de l'acclimater en France, ce qui cependant serait très naturel, puisque le montage des pierres taillées se fait à Paris. Le travail du diamant est une opération très délicate, qui nécessite des ouvriers habiles.

Quand la pierre brute présente des points noirs ou des taches quelconques à l'intérieur, on la coupe, on la *clive*, pour employer l'expression technique et scientifique. Le *cli-*

FIG. 58. — VUE DE L'ATELIER DES FENDEURS.

vage est une propriété que possèdent les cristaux de se fendre suivant certaines directions. Le gypse et le mica présentent cette propriété à un très haut degré; au moyen d'une lame de canif on peut facilement les diviser en lamelles extrêmement ténues. L'ouvrier fixe le diamant à l'extrémité d'un manche en bois au moyen d'un ciment qui, très dur à froid, se ramollit sous l'action d'une légère chaleur; il frotte ce diamant contre un autre diamant aux arêtes vives et emmanché de la même manière. S'il a bien saisi le plan de clivage, après avoir fait un trait sur la pierre à tailler, il peut couper celle-ci, la séparer en deux au moyen d'une lame d'acier et d'un petit marteau. Cette opération est faite par le *cliveur* ou *fendeur* (fig. 58 et 59).

FIG. 59. — DÉTAIL D'UN COMPARTIMENT DE L'ATELIER DU FENDEUR.

Le diamant est alors soumis à l'*égrisage*, opération qui a pour but de tailler les facettes les plus larges et qui s'exécute en frottant le diamant, solidement scellé dans le mastic, contre un autre diamant, jusqu'à ce que la facette ait atteint la dimension voulue. Quand la facette est achevée, l'ouvrier chauffe le ciment; il y incruste le diamant dans un autre sens afin de tailler une autre facette. Cette opération exige une très grande habileté : habituellement, l'ouvrier frotte l'un contre l'autre deux diamants à tailler, de sorte qu'il mène à la fois deux opérations (fig. 60).

Après cette opération, le diamant est découpé en facettes, mais il est encore rugueux et dépoli ; on lui donne le brillant et l'éclat en le frottant contre une meule d'acier où l'on répand une couche de poussière de diamant délayée dans

FIG. 60. — TABLE DU TAILLEUR DE DIAMANT.

l'huile d'olive. Cette meule d'acier est mue par la vapeur et fait environ 600 tours à la minute (fig. 61 et 62).

Au premier rang des brillants se place généralement le *Régent* de la couronne de France, non par son poids, mais par la pureté de son eau (fig. 63). Le *Régent* vient de Golconde ; il pesait, à l'état brut, 410 carats, et fut acheté à Madras par sir Pitt, moyennant 312000 francs ; sa taille dura près de deux ans et le réduisit à 136 carats ; elle coûta plus de 120000 francs, mais les déchets se vendirent 75000 francs. Ce beau diamant tire son nom, comme on le sait, de Philippe d'Orléans, qui l'acheta, en 1717, 3375000 francs.

En 1791, l'inventaire des diamants de la Couronne, fait par une commission de joailliers, estima le Régent à 21 millions, chiffre très exagéré. La valeur du diamant n'est pas généralement soumise à de brusques variations et le carat vaut environ 250 francs pour les diamants d'un demi-carat;

FIG 61. — ATELIER DE LA TAILLE.

mais, à mesure que ces belles pierres augmentent de poids, leur valeur s'accroît suivant une progression géométrique. C'est ainsi qu'un brillant d'un carat vaut de 450 à 500 francs; un brillant d'un carat et demi, de 800 à 900 francs : un brillant de deux carats, de 1500 à 1700 francs; un brillant de deux carats et demi, de 1800 à 2000 francs; un brillant de trois carats, de 2700 à 3000 francs. — Il va sans dire que la limpidité de la pierre, que sa transparence, que ses qualités modifient sensiblement sa valeur et qu'il est difficile d'établir aucune règle immuable. Cependant on prend pour base ordinaire des transactions la règle suivante de Jeffries : les valeurs de deux diamants de même eau sont entre elles comme les carrés de leurs poids ; ou, en d'autres termes, un diamant dont le poids est le double d'un autre, ne vaut pas deux fois plus que ce dernier, mais bien quatre fois plus. En appliquant cette règle, le *Régent* serait loin de valoir douze millions.

FIG. 62. — LE POLISSEUR DE DIAMANT.

Pendant la nuit du 16 au 17 septembre 1792, le Régent et tous les diamants de France furent volés ; les voleurs surent échapper aux plus minutieuses recherches, et l'on croyait perdu pour jamais l'un des plus beaux et des plus précieux diamants, quand une lettre anonyme vint avertir la Commune qu'une partie de ces pierres était enfouie dans un fossé de l'allée des Veuves. On fouilla cette allée de fond en comble, et l'on y trouva quelques joyaux, parmi lesquels était le Régent, dont le voleur n'avait pu probablement se défaire en le vendant.

La plupart de ces objets précieux furent rachetés par Na-

FIG. 63. — LE RÉGENT.

poléon Iᵉʳ, dès qu'il put en retrouver la trace, et le trésor de la Couronne est, à quelques pertes près, le Sancy notamment, dans l'état où il se trouvait avant la Révolution.

FIG. 64. — DIAMANT DU GRAND MOGOL.

Le Sancy, autre diamant célèbre, appartenait à Charles le Téméraire; il fut trouvé sur le champ de bataille où le duc de Bourgogne avait été tué. Volé au mobilier de la Couronne en 1792, le Sancy disparut, et après avoir passé par plusieurs mains, il fut acheté à Bruxelles, en 1830, au prix de 500000 francs, par M. Paul Demidoff, qui le fit monter en or. Plus tard, ce diamant fut vendu et retourna dans les Indes; enfin il est revenu de Bombay pour briller aux yeux des visiteurs de l'Exposition de 1855 dans la vitrine de MM. Bapst, à côté du diamant noir.

FIG. 65. — COMBUSTION DU DIAMANT OPÉRÉE PAR LAVOISIER.

Le plus gros des diamants connus est le Rajah de Bornéo, il pèse 300 carats, et il pesait brut 780 carats. Le Grand Mogol pèse 28 carats (fig. 64). L'Orlow de la Couronne de Russie pèse 194 carats; le Grand-Duc, de Toscane, 139 carats[1].

Le diamant est certainement une admirable pierre, mais l'intérêt qui s'attache à son étude ne serait-il pas bien faible,

1. Le carat pèse 0 gr. 20275.

s'il ne servait qu'à former des diadèmes et des colliers, et si, à côté de ses qualités de luxe, il ne répondait, en aucune façon, aux besoins de l'industrie? Jusqu'à ces dernières années, le diamant n'était guère sorti du domaine du caprice : ce n'était qu'un objet de luxe; mais il n'en est plus de même aujourd'hui.

Tout le monde a pu voir dans les salons du Louvre les merveilles de l'art égyptien; on s'est arrêté devant ces blocs de granit, de porphyre, taillés en coupes douées d'un admirable poli qui a su résister à l'action du temps. Nous ignorions l'art de travailler ces roches sur lesquelles s'émousse l'acier le mieux trempé; mais depuis peu un simple ouvrier pierriste, M. Bigot-Dumaine, a su rivaliser avec les Égyptiens et reproduire les tours de force des Pharaons. Entre ses mains, le porphyre et le granit se façonnent en coupes légères, en vases aux parois déliées, et c'est le diamant qui lui permet d'arriver à ces admirables résultats. La pierre à tailler est placée sur un tour; un diamant est serti à l'extrémité d'un outil d'acier, et l'ouvrier le presse contre la pierre qu'il entame, comme le tourneur appuie la gouge contre le bois qu'il veut polir. L'urne funéraire de porphyre du tombeau de Napoléon aux Invalides est un beau spécimen de cette nouvelle branche de l'industrie artistique. La fontaine de 6 mètres de haut qui est placée en face d'une des entrées du palais de l'Industrie, aux Champs-Élysées, démontre qu'un brillant avenir est certainement réservé à ce nouveau mode de travail des pierres dures. Cette fontaine est taillée dans un bloc colossal de granit de Brest. « Pour amener jusqu'à Paris cette masse de granit pesant 25 000 kilogrammes, que de peines! Pour traîner ce rocher de la carrière à laquelle la mine l'a arraché, pas de route; l'arsenal de Brest veut bien fournir des *apparaces*, et, grâce à ce solide concours, cette difficulté est vaincue. Mais le colosse une fois sur le bord de la mer, le capitaine de navire chargé de le transporter hésite : on hési-

FIG. 66. — LAVAGE DES SABLES DIAMANTIFÈRES AU BRÉSIL.

terait à moins. Enfin, il se décide et le conduit à Rouen ; là, *nouveaux* ennuis pour le transborder sur le chaland. Il arrive à Paris... on l'amène jusqu'à la porte du chantier; elle est trop étroite, il faut abattre un mur pour donner place à ce dé de Titans. »

Ces procédés ne servent pas seulement à faire les objets d'art ; ils sont devenus assez économiques pour pénétrer dans l'industrie. En 1862, M. Leschot, *ingénieur*, a fait breveter l'idée d'employer le diamant à la perforation des roches les plus dures dans le percement des tunnels, et c'est ainsi que le Saint-Gothard a été creusé par des diamants noirs fixés à l'extrémité de fleurets qui ont pénétré de jour en jour plus en avant dans le sein de l'immense montagne.

Pour terminer cette histoire rapide du diamant, il nous reste à démontrer par l'expérience que cette substance si précieuse, douée d'un si bel éclat, n'est autre chose que du charbon cristallisé. — Newton, dont la vaste intelligence a éclairé toutes les questions sur lesquelles elle s'arrêtait, avait déjà prévu le fait, quelque surprenant qu'il puisse paraître au premier abord, mais aucune expérience n'était venue appuyer ses assertions à ce sujet. En 1694, Cosme III, grand-duc de Toscane, fit étudier la nature du diamant par les célèbres Averani et Targioni, membres de l'Académie *del Cimento*. Ces savants placèrent un morceau de diamant au foyer d'un miroir ardent, et ils virent peu à peu la belle pierre perdre sa transparence, noircir et disparaître enfin complètement. Plus tard, vers la fin du XVIIIe siècle, Rouelle, Macquer, Roux, Cadet, Lavoisier, recommencèrent cette curieuse expérience, et reconnurent que le diamant, sous la double nfluence de l'air et d'une température très élevée, était susceptible de brûler comme le charbon. Lavoisier constata enfin que le diamant, comme le charbon, se transformait en acide carbonique pendant sa combustion (fig. 65). En 1847, M. Jacquelain soumit le diamant à l'action d'un courant électrique très intense, il le vit se boursoufler, perdre sa transparence, devenir noir et friable comme un morceau de coke, et brûler enfin complètement sans laisser de résidu. — La conséquence de ces expériences est l'affirmation de la similitude de nature que présentent le diamant et le charbon ordinaire. Le diamant est du charbon à un état moléculaire particulier; c'est du carbone cristallisé. On peut avec du diamant faire du charbon, mais peut-on opérer la transformation inverse, c'est-à-dire faire cristalliser le charbon et le métamorphoser en diamant?

Pour faire cristalliser les corps, les chimistes les dissolvent dans un liquide ou les volatilisent sous l'action du feu, ou bien encore les soumettent à la fusion sous l'action de la chaleur. Or le carbone n'est ni volatil, ni fusible, et enfin il ne se dissout que dans le fer fondu. Quand on met en fusion la fonte au contact du charbon, on obtient, non pas le diamant, mais le graphite, c'est-à-dire une matière semblable à celle qui est employée à la confection de nos crayons dits de mine de plomb. Il ne faudrait pas croire toutefois que les chimistes n'aient aucune espérance de reproduire artificiellement le diamant; ce n'est pas là un problème qu'ils considèrent comme insoluble, et un hasard heureux, ou mieux un travail acharné, peut au premier jour amener la réussite.

La curieuse transformation du charbon en diamant paraît même avoir été réalisée par M. Despretz, sinon d'une manière pratique, du moins par une méthode suffisamment précise pour démontrer que le problème a été résolu au point de vue purement scientifique. Un cylindre de charbon pur a été placé à la partie inférieure de l'œuf électrique; un faisceau de fils de platine à la partie supérieure. On a dirigé le courant d'induction de telle manière que le charbon fût dans la partie rouge de l'arc voltaïque, et les fils de platine dans la partie violette. Après plusieurs mois, les fils de platine étaient recouverts d'une couche noire de charbon, dans laquelle on reconnaissait à l'aide de la loupe des parcelles cristallines et brillantes. Cette poussière mêlée d'huile polissait le rubis comme la poudre de diamant. Si le fait est vrai (M. Despretz l'affirme), il y aurait eu dans cette expérience production d'une petite quantité de diamant; mais on voit qu'il y a encore un abîme entre de semblables parcelles et un diamant tel que le Régent.

Le diamant se rencontre abondamment dans certaines régions du Brésil, où on le trouve dans le sable de quelques cours d'eau (fig. 66). On l'exploite abondamment aussi dans le sud de l'Afrique, mais le diamant du Cap est de qualité inférieure.

Le graphite est une variété de carbone souvent désignée sous le nom de *plombagine* ou de *mine de plomb;* ce corps, qui entre dans la confection des crayons, qui est employé par la galvanoplastie pour rendre conducteurs de l'électricité les substances qui ne le sont pas naturellement, est représenté par de nombreux échantillons. Le graphite se rencontre en gisements très abondants dans les terrains de la Sibérie. Le graphite appartient aux terrains de formation ancienne, et se rencontre encore en Bavière, dans le Cumberland en Angleterre et dans les Pyrénées en France.

QUINZIÈME CAUSERIE

LE CAFÉ ET SES FALSIFICATIONS

Le café est produit par un grand arbrisseau aux feuilles ovales, qui, pendant des siècles, a végété inconnu en Arabie. La découverte de cette seule plante a modifié de toutes pièces l'aspect de certaines contrées, en y jetant les bases d'un commerce lucratif destiné à offrir de nouvelles jouissances à la société.

Parmi les nombreux consommateurs qui absorbent les 300 millions de kilogrammes de café annuellement expédiés en Europe, il en est bien peu qui connaissent l'histoire du café, qui sachent par quelles falsifications ce précieux aliment a souvent été dénaturé. Aussi nous avons pensé qu'il serait intéressant de consacrer une de nos causeries à une boisson généralement si estimée et si appréciée.

Il n'y a guère plus de deux siècles et demi que le café est connu, et c'est depuis un siècle environ que l'usage en est répandu chez tous les peuples. Les uns racontent que le supérieur d'un monastère d'Arabie, pour empêcher les moines de s'assoupir pendant la nuit aux offices, leur faisait boire une infusion de café; d'autres prétendent que Ehadely fut le premier Arabe qui usa de cette boisson, afin de pouvoir prolonger ses prières nocturnes.

En 1582, Prosper Alpin, qui accompagnait au Caire le

consul de Venise, observa l'arbre à café dans les jardins du pacha et en donna une description, très incomplète à la vérité; mais il nous apprit le premier que les Arabes prenaient des infusions faites avec les graines de ses fruits.

Vers la fin du XVIIe siècle, les Hollandais transportèrent le café de Moka à Batavia. Le climat de Batavia fut favorable au caféier, et, en quelques années, les îles de Java, de Ceylan et Surinam virent leur territoire se hérisser de ces arbrisseaux d'une nouvelle espèce.

Un pied de caféier fut envoyé à Amsterdam. Il vécut, produisit des fruits et des graines. Les individus auxquels il donna naissance furent distribués; l'un d'eux fut offert à Louis XIV en 1714. Le grand roi envoya au Jardin des Plantes l'arbrisseau, qui y réussit aussi bien que celui d'Amsterdam.

Ce fut à cette époque que l'usage du café s'introduisit en France, et chacun voulait goûter la nouvelle boisson, qu'on vantait outre mesure. Dès lors la consommation du café a toujours été en augmentant, et le temps a démontré que madame de Sévigné a fait une double méprise en affirmant que Racine passerait comme le café.

C'est en 1820 que fut confié à Déclieux, capitaine de vaisseau, un jeune pied de caféier destiné à être planté à la Martinique. Pendant la traversée, qui fut longue et pénible, l'eau vint à manquer; le caféier souffrait et l'on pouvait croire qu'il n'atteindrait pas les côtes du nouveau continent. Déclieux, pour conserver ce précieux dépôt, sacrifia à l'arbuste une grande partie de sa propre ration d'eau. C'est grâce à ce noble dévouement que la Martinique, Saint-Domingue, la Guadeloupe, etc., sont couverts des caféiers qui nous alimentent actuellement. L'arbre à café se trouve aussi en abondance au Brésil (fig. 67).

Le café ne se sème pas généralement en pépinière : on fait germer la graine et la pulpe qui l'entoure entre des feuilles de bananier. Après sept ou huit jours de germination, on

FIG. 67. — RÉCOLTE DU CAFÉ AU BRÉSIL.

sème ces graines, et c'est seulement à la seconde année de sa plantation que fleurit le caféier. Si on le laisse croître, il peut atteindre 8 mètres d'élévation, mais on arrête toujours sa croissance en l'écimant; et c'est ordinairement à 1 mètre et demi que les planteurs fixent sa hauteur.

Pendant deux ans, le caféier exige les soins les plus minutieux; pas une herbe ne doit se développer sur le sol qui l'entoure, et la présence des insectes doit être évitée. Après ces deux années de vigilance, si le ciel lui a prodigué les pluies qui lui sont nécessaires, le caféier se couvre de fleurs. Bientôt après les fruits commencent à se montrer, et l'arbre ne tarde pas à s'émailler de petites cerises rouges, dont la saveur sucrée indique la maturité.

Lés cerises ne mûrissent jamais simultanément; aussi la cueillette se fait-elle à plusieurs reprises.

Dans l'intérieur de chaque cerise se trouvent deux graines, qui sont les grains de café. Pour les extraire et les séparer de la pulpe qui les emprisonne, on fait passer les fruits dans un cylindre, puis on les laisse tremper dans de l'eau pendant deux jours. En les faisant sécher, on les débarrasse de la matière mucilagineuse qui forme le fruit.

Un hectolitre de cerises donne environ 40 kilogrammes de café marchand.

Les graines de la cerise, une fois séparées du fruit et séchées, sont soumises à l'action de la chaleur; on les torréfie pour y développer une essence, une huile particulière qui leur communique l'arome connu de tout le monde.

Après la torréfaction, il reste à broyer les grains, dont l'infusion constitue la boisson du café.

A peine le café fut-il connu, que l'on songea à le falsifier.

Le mal est toujours à côté du bien, comme le faux à côté du vrai, et il n'est aucune substance alimentaire ou médicinale, aucun produit, aucun objet utile qu'on n'ait cherché à contrefaire. A chaque création nouvelle correspond une contrefaçon, et la falsification suit toujours de près l'apparition de toute nouvelle substance.

On a fait des recherches sans nombre pour trouver une plante commune qui pût imiter le café. L'orge, le maïs, l'avoine, le seigle, toutes les graines, toutes les racines ont tour à tour été torréfiées, infusées; mais tous ces produits ont dû être abandonnés.

La chicorée seule a été conservée.

C'est une plante bien connue, dont la racine, soumise à l'action d'une chaleur modérée, possède la triste propriété de communiquer à l'eau une couleur brune, très foncée, qui imite grossièrement celle du café. Quel contraste entre le café, nutritif, propre à exciter les facultés de l'intelligence, doué d'un arome exquis, fortifiant l'estomac, et la chicorée, d'une saveur désagréable et d'une affreuse amertume! Cependant on se plaît aujourd'hui, en dépit du goût, à unir ces deux extrêmes; la consommation de la chicorée est considérable, et quelques-unes des fabriques qui la produisent ont reçu des médailles d'or à la dernière Exposition universelle.

L'examen du café au microscope permet avec un peu d'habitude de dévoiler les fraudes (fig. 68 et 69); nous donnerons un procédé très simple qui permet de reconnaître la présence de la chicorée dans le café, et de démasquer l'erreur; mais auparavant suivons le cours des autres falsifications.

Le café torréfié est souvent mélangé de caramel, ce qui lui donne un goût très agréable; mais si on ajoute 15, 20 ou même 30 p. 100 de ce dernier produit, il y a fraude : ce qu'on peut, du reste, facilement reconnaître en laissant tremper dans de l'eau les grains de café. L'eau dissout le caramel et se colore; elle reste limpide quand la graine est naturelle.

Si on se bornait au caramel et à la chicorée, les consommateurs n'auraient pas trop à se plaindre, mais la falsification ne s'arrête pas en si beau chemin. Après avoir dénaturé le café, elle a voulu dénaturer la chicorée elle-même.

Après avoir falsifié le café par la chicorée, on a falsifié la chicorée par une foule de substances, dont la liste est vraiment digne d'attention.

On a rencontré dans le commerce pour du café-chicorée :

1° Mélange de pain torréfié et de marc de café;

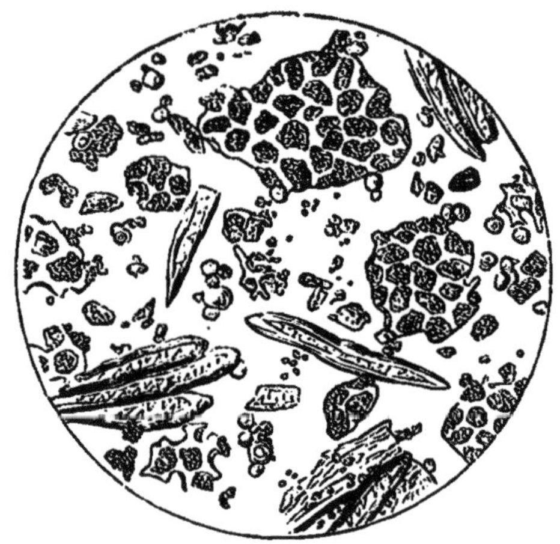

FIG. 68. — CAFÉ NON FALSIFIÉ VU AU MICROSCOPE.

2° Poussière de chicorée, sable, brique pilée et ocre rouge;

3° Chicorée et noir d'os épuisé;

4° Chicorée et débris de vermicelle colorés.

5° Poudre de chicorée torréfiée avec de la graisse, des beurres vieillis, et colorée avec du rouge de Prusse;

6° Chicorée, terre, glands de chêne et déchets de betterave torréfiés;

7° Trognons de choux torréfiés et foie de cheval grillé, etc.

Ce dernier mélange a été vendu à Londres sous le nom de

café français. Nous tenons ce fait de M. Boussingault, qui en a jadis affirmé la véracité dans un de ses derniers cours au Conservatoire des arts et métiers. Le savant professeur disait aussi qu'il avait existé à Asnières une fabrique dont les employés couraient la capitale pour se procurer tout le marc de café des restaurants; ces résidus étaient séchés, mélangés de chicorée, et formaient avec une matière gommeuse une

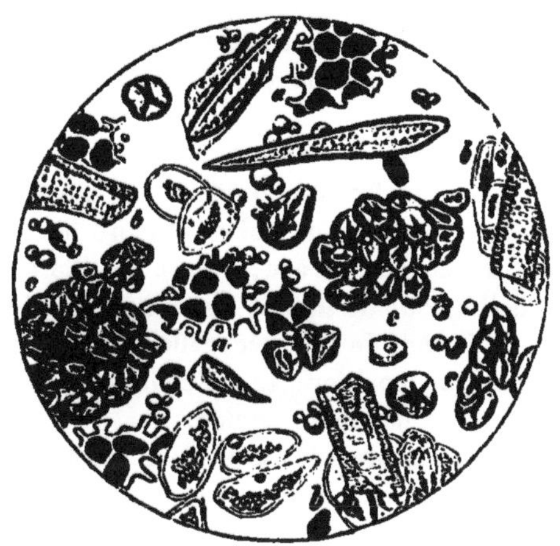

FIG. 69. — CAFÉ FALSIFIÉ VU AU MICROSCOPE. — *bb*, FRAGMENTS DE CHICORÉE; *cc*, GRAINS DE FÉCULE PROVENANT DU GLAND DE CHÊNE.

pâte qu'on moulait de manière à former des grains de café artificiels.

Un consommateur ayant mis ses grains de café dans l'eau, la gomme ne tarda pas à se dissoudre, et les grains de café furent ainsi réduits en poudre par la seule action de l'eau, ce qui parut assez peu naturel. La ruse fut ainsi découverte, et le fabricant, l'inventeur de ce nouveau café, fut condamné à plusieurs années de prison.

Les falsifications du café et surtout celles de la chicorée sont faites pour terrifier; mais nous devons rassurer nos lecteurs, en leur affirmant que ces cas sont rares, et que, notamment à Paris, on ne cite qu'un petit nombre d'exemples de pareilles fraudes : les trognons de choux torréfiés ont été imaginés par nos ingénieux voisins d'outre-Manche, et le libre échange ne nous a pas encore fait savourer ce produit.

Cependant le café *moulu* renferme bien souvent de la chicorée, et voici comment on reconnaît la présence de cette dernière matière :

Prenez une éprouvette ou un verre à champagne plein d'eau, versez à la surface du liquide le café moulu.

Si le café est pur, l'huile qui en entoure les fragments le préservera du contact de l'eau; il ne se mouillera pas et surnagera : la limpidité du liquide ne sera pas troublée.

S'il est additionné de chicorée, celle-ci, dépourvue de matière huileuse, se mouillera, se précipitera au fond du vase, en colorant en jaune tout le liquide.

Il existe d'autres procédés propres à indiquer les altérations du café; mais ils exigent des manipulations un peu plus compliquées et nous les passerons sous silence.

L'analyse chimique a permis d'extraire de la graine du café plusieurs principes immédiats, tels que la caféine, l'acide chlorogénique et quelques essences aromatiques développées par les effets d'une légère torréfaction; elle a donné des caractères permettant de distinguer d'une manière certaine les différentes variétés du café.

Il serait intéressant de connaître les effets exercés dans l'économie animale par les substances caractérisées qui constituent le café. Quelles actions exercent la caféine, l'acide chlorogénique et les essences aromatiques? c'est ce qu'on ignore encore, et la science doit nous éclairer sur ce point.

L'expérience a appris que le café, tout différent des boissons alcooliques qui engourdissent les sens, excite au contraire les facultés de l'intelligence.

Les médecins ont émis diverses opinions sur ses propriétés sanitaires; mais, malgré certaines inculpations calomnieuses, le café sera toujours une agréable boisson : il facilite la digestion, fortifie l'estomac, amortit l'action des liqueurs enivrantes et neutralise les effets narcotiques de l'opium.

Sa propriété la plus remarquable consiste dans son action sur les organes de la pensée.

La privation de sommeil, une excitation singulière, une grande lucidité dans les idées, tels sont les effets causés par cette boisson. Ces effets sont adoucis par l'habitude, mais cependant beaucoup de personnes y sont toujours sensibles.

Voltaire et Buffon prenaient beaucoup de café, et peut-être doivent-ils en partie à l'usage qu'ils en faisaient, l'un la clarté admirable qui domine dans tous ses écrits, l'autre l'éclat puissant qui brille dans son style.

Le café, *plein d'idées*, comme l'a si bien dit Michelet, a souvent inspiré les poètes, et Delille, après avoir fait l'apologie du vin, le cerveau sans doute légèrement exalté par la douce influence du café, s'écrie avec enthousiasme :

Il est une liqueur au poète plus chère,
Qui manquait à Virgile et qu'adorait Voltaire;
C'est toi, divin café, dont l'aimable liqueur
Sans altérer la tête épanouit le cœur.
Aussi, quand mon palais est émoussé par l'âge,
Avec plaisir encor je goûte ton breuvage.

« Autrefois, dit Brillat-Savarin, il n'y avait que les personnes au moins d'un certain âge qui prissent du café; maintenant tout le monde en prend, et peut-être le coup de fouet que l'esprit en reçoit fait-il marcher la foule immense qui assiège toutes les avenues de l'Olympe et du temple de Mémoire. »

SEIZIÈME CAUSERIE

LE TABAC ET L'HYGIÈNE

La culture du tabac en Europe date de 1518. A cette époque Fra Romano Ponc, missionnaire espagnol qui avait voulu s'associer à la fortune de Christophe Colomb, eut l'idée d'envoyer d'Amérique de la graine de tabac à l'empereur Charles-Quint, après avoir observé quelques effets de l'ivresse produite par cette plante vénéneuse. Les Indiens en faisaient depuis longtemps usage pour combattre un grand nombre de maladies. Les devins et les prêtres, lorsqu'ils voulaient prédire le succès de quelque affaire d'une grave importance, en recevaient la fumée dans la bouche et les narines à l'aide de longs tubes; d'autres en faisaient usage pour se procurer une agréable ivresse.

C'est en 1560 que Jean Nicot, ambassadeur de France à Lisbonne, offrit à la reine Catherine de Médicis de la poudre de tabac, comme un remède efficace contre la migraine. Dès lors cette plante exotique se répandit rapidement dans toutes les classes de la société, malgré le roi Jacques Ier, qui en 1604 déclara que le tabac devait être extirpé du sol comme une mauvaise herbe; malgré le pape Urbain VIII, qui en 1624 excommunia les personnes qui prisaient dans les églises; enfin malgré le roi de Perse Amurat IV, qui en défendit l'usage sous peine d'avoir le nez coupé. La consommation du tabac prenait de jour en jour une plus grande extension, et sous les règnes de Louis XIII et de Louis XIV il était de mauvais ton de se présenter à la cour sans avoir le nez bourré de cette poudre brunâtre qu'on offrait à tous les assistants.

L'abus du tabac à priser souleva cependant les récriminations de quelques médecins, et Molière lui-même ne tarda pas à se moquer des priseurs en faisant dire à Sganarelle dans le premier acte de *Don Juan :*

« Quoi que puisse dire Aristote et toute la philosophie, il n'est rien d'égal au tabac : c'est la passion des honnêtes gens, et qui vit sans tabac n'est pas digne de vivre. Non seulement il réjouit et purge les cerveaux humains, mais encore il instruit les âmes à la vertu, et l'on apprend avec lui à devenir honnête homme, etc. »

Le nombre des priseurs n'en continuait pas moins à augmenter, jusqu'au moment où la pipe fut introduite en France par l'illustre Jean Bart. Alors grands et petits se mirent à fumer ; à la curiosité succéda l'habitude, et depuis le jour où Louis XIV surprit ses filles qui fumaient en cachette, l'invasion du tabac s'étendit sur toute l'Europe.

A la fin du siècle dernier, le tabac rapportait au Trésor de 20 à 30 millions par an ; en 1861, il a produit la somme de 215 millions.

De 1811 à 1861 les fumeurs français ont fourni au Trésor la somme de *cinq milliards !* Le réseau de tous nos chemins de fer n'a pas tant coûté !

Les feuilles de tabac contiennent de 2 à 7 pour 100 de nicotine, un des plus terribles poisons qui nous soient donnés par le règne végétal ; l'huile de tabac renferme de grandes quantités de nicotine ; une simple infusion de plantes de tabac prise en lavement peut tuer un homme valide, et la fumée produite par cette plante vénéneuse tient en suspension 7 pour 100 de nicotine.

Dans les manufactures de tabac (fig. 70), « la plupart des

ouvriers sont obligés de suspendre leurs travaux de temps en temps, pour cause de maux de tête, de nausées, de dyspepsie, etc. On a même vu périr un malheureux qui s'était endormi dans l'atelier de la fermentation. Les ouvriers qui se sont faits à cette atmosphère, conservent toujours un air de souffrance, avec certains caractères de vieillesse anticipée. Ils ont le teint gris; ils éprouvent souvent des maux de tête et des troubles de la digestion; ils maigrissent et ont des tremblements nerveux[1]. »

Il est incontestable que le tabac produit de fâcheux effets sur l'organisme, et nous connaissons, pour notre part, grand nombre de fumeurs de profession qui ont dû renoncer complètement à une habitude qu'ils croyaient cependant indispensable.

Mais ce qui est beaucoup plus sérieux et plus grave, c'est l'action du tabac sur le cerveau, c'est la part qu'il semble prendre au développement de l'aliénation mentale. D'après M. Moreau, on ne rencontre pas de cas de paralysie générale et progressive dans l'Asie Mineure, où le peuple est sobre, ne connaît pas l'abus du tabac et des liqueurs alcooliques. — En Europe, au contraire, les cas de folie se multiplient avec une terrifiante rapidité à mesure que s'accroît le débit du tabac. De 1830 à 1862 le produit de l'impôt du tabac est monté en France de 30 à 200 millions, et pendant ce laps de temps, le nombre des aliénés s'est élevé de 8000 à 44 000.

D'après les travaux et les recherches expérimentales de M. Claude Bernard, et celles de M. Decaisne, le tabac exerce surtout ses effets sur les centres nerveux, et particulièrement sur la fibre motrice. M. Jolly, qui a étudié avec beaucoup de soin cette importante question, a cherché des documents dans les asiles publics et les hôpitaux. — La *paralysie musculaire et nicotique* domine chez les hommes au point de

1. L. Figuier. Voir l'*Année Scientifique*. Nous avons emprunté les renseignements que nous donnons à nos lecteurs, à un excellent article publié dans cet ouvrage.

constituer à elle seule l'excédent du chiffre normal des aliénés; après de sérieuses informations, M. Jolly a constaté

FIG. 70.—OUVRIER PRÉPARANT LES FEUILLES DE TABAC DESTINÉES A PASSER DANS LA MACHINE A HACHER

que l'origine de ces maladies était l'abus du tabac. Dans les hôpitaux de femmes aliénées, on ne rencontre guère que des paralysies générales.

Mais, dira-t-on, l'abus des liqueurs spiritueuses s'associe presque toujours à l'abus du tabac. Peut-on séparer ces deux causes? Ne fait-on pas jouer au tabac le rôle de l'absinthe, de l'eau-de-vie et des autres boissons alcooliques? M. Jolly et grand nombre de médecins ont observé des cas de paralysie générale chez des sujets qui fumaient outre mesure, mais ne buvaient que de l'eau.

Le concours d'un grand nombre d'observations et de témoignages certains est suffisant pour qu'il soit permis d'attribuer spécialement à l'abus du tabac la paralysie générale des aliénés, de cette terrible maladie, véritable épidémie qui paraît envahir la France presque tout entière. Cette maladie est presque inconnue cependant dans la Saintonge, le Limousin, la Bretagne; mais on ne fume que très peu dans ces provinces. C'est encore un argument fourni à l'appui de l'opinion de M. Jolly et des autres savants qui veulent former une coalition, une véritable croisade, contre l'envahissement du tabac. Malheureusement le mal est trop profondément enraciné chez nous pour qu'il soit possible de l'arracher; tout le monde fume, et bien souvent l'ouvrier, réduit à choisir entre l'achat du pain et l'achat du tabac, se décide pour le tabac, et tâche d'oublier sa faim en allumant sa pipe!

Nous avons exposé des faits importants observés par des savants éminents, mais là ne se bornent pas, au dire de quelques médecins, les funestes effets de cette plante exotique, qui entraverait le mouvement de la population et expliquerait l'arrêt très marqué qui est aujourd'hui signalé dans son accroissement. Cette assertion nous semble imprudente, et s'il n'est pas douteux que le tabac est nuisible à la santé, s'il est certain que le fumeur peut avoir les lèvres enflammées, les dents jaunes et fuligineuses, s'il est possible que les cas d'aliénation soient plus fréquents en raison de l'accroissement de l'usage du tabac, il ne nous paraît en aucune façon démontré que le cigare et la pipe soient capables de produire en France un dépérissement suffisant pour marquer une diminution dans l'accroissement de notre population. — On doit se garder de porter un jugement aussi affirmatif sans être armé de preuves certaines, et l'action du tabac sur l'hygiène publique n'est pas encore suffisamment étudiée pour qu'il soit permis de se prononcer en toute certitude.

L'aliénation mentale en France augmente d'une manière considérable : les chiffres sont là pour l'affirmer. Mais la cause est-elle uniquement due au tabac? La vie agitée, le mouvement des affaires, la préoccupation qui en résulte, les excès de toute nature n'exercent-ils pas aussi sur nos cerveaux une funeste influence?

Nous n'avons pas la prétention de résoudre des questions de cette importance, nous avons voulu seulement vous mettre brièvement, mes jeunes amis, au courant d'un des problèmes les plus graves de l'hygiène publique. L'assertion de quelques observateurs sur les effets produits par l'abus du tabac nous paraît empreinte d'exagération; mais il n'en est pas moins vrai que le tabac peut être nuisible : il n'a d'autre avantage que de charmer nos loisirs en nous procurant un léger assoupissement et en étalant à nos yeux un nuage de fumée qui se dissipe peu à peu et s'agite doucement pour prendre mille formes bizarres et capricieuses.

DIX-SEPTIÈME CAUSERIE

LES HUITRES.

Cicéron nous confesse qu'une de ses joies les plus grandes était de se réfugier, en compagnie d'Atticus, son illustre ami, dans sa villa de Tusculum, et d'y oublier l'agitation des affaires en arrosant de vin de Falerne des huîtres pêchées sur les rivages de la Gaule.

Après cet aveu, fait par celui que les Romains appelaient le Père de la Patrie, il nous sera permis de parler de ces mollusques, beaucoup plus intéressants qu'on ne le croirait tout d'abord.

L'huître est un mollusque de la classe des Acéphales (du grec *acéphalos*, sans tête). Elle est répandue dans presque toutes les mers, et partout elle est recherchée pour la nourriture de l'homme. Sa coquille est à deux valves et se ferme au moyen d'une charnière (fig. 71). Cette coquille est généralement ovale, quelquefois ronde, nacrée intérieurement et présentant à l'extérieur une structure grossièrement feuilletée. L'animal n'a qu'un seul muscle, qui sert à ouvrir et à fermer la boîte calcaire où l'a emprisonné la nature. Dépourvu de tête, il a une bouche située tout près de la charnière de la coquille. Son cœur, placé entre ce muscle unique et les viscères, se distingue par la couleur brune dont est nuancée son oreillette. La fécondité des huîtres est prodigieuse chaque année elles produisent une innombrable quantité d'œufs, qu'elles abandonnent à la mer; mais ces œufs ne se

FIG. 71. — GROUPE D'HUITRES.

disséminent pas dans la masse liquide, ils se rassemblent, s'agglutinent et se fixent sur les coquilles voisines. Ce sont

FIG. 72. — BANC D'HUITRES ARTIFICIEL ENTOURÉ DE SES PIEUX.

ces myriades de jeunes huîtres qui constituent les *bancs*, en formant des amas d'une étendue considérable (fig. 72 et 73). Condamnée à l'immobilité, l'huître est fixée au banc où elle a pris naissance; elle naît, se développe et meurt sans avoir changé de place. Ce sont les flots de l'Océan qui se chargent de la nourrir, en lui apportant du frai de poissons et des débris organiques de toute nature. L'huître s'accroît lentement, et il lui faut trois années pour acquérir la taille de celles qu'on livre au commerce (fig. 74).

Quand l'huître a acquis le développement nécessaire, il faut qu'elle soit *parquée* pour prendre la saveur délicate qui la fait rechercher; on la fait séjourner à cet effet dans un ré-

FIG. 73. — FASCINES SUSPENDUES POUR RECEVOIR LES JEUNES HUITRES.

servoir d'un mètre environ de profondeur, communiquant avec la mer par un petit conduit destiné à le tenir constamment rempli d'eau salée. Cette eau doit être souvent renouvelée, et le fond du réservoir ne doit contenir ni vase ni bourbe; il est généralement pavé de petits galets juxtaposés. C'est en restant quelques mois dans les parcs que certaines huîtres verdissent en acquérant toute leur saveur. La pêche des huîtres se fait, généralement, du mois de septembre au mois d'avril; c'est pendant cette partie de l'année qu'elles sont bonnes; dans les autres mois elles sont maigres et dépourvues de goût. L'appareil dont on se sert por pêcher est une *drague;* c'est une espèce de rateau muni d'une large poche en cuir, et qu'un bateau traîne dans divers sens sur le fond du parc aux huîtres.

Les huîtres de la Manche sont les meilleures de toute l'Europe; celle qui proviennent de la Bretagne et de la Normandie,

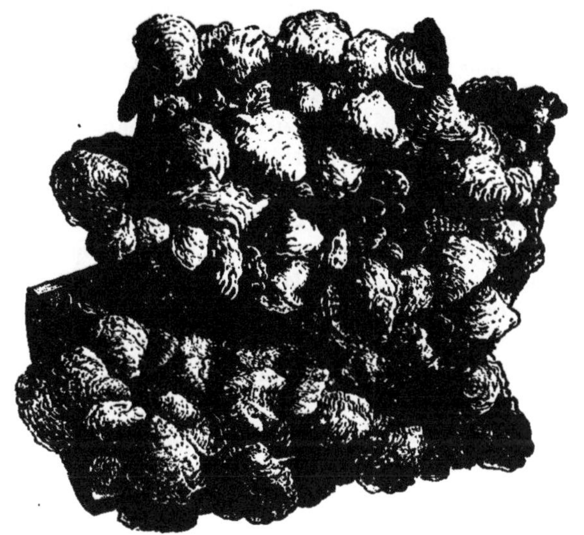

FIG. 74. — HUITRES D'ENVIRON DIX-HUIT MOIS SUR UNE TUILE RECOUVERTE DE CIMENT (ILE DE RÉ), DESTINÉE A FACILITER LE DÉVELOPPEMENT DES HUITRES.

surtout de Granville et les huîtres d'Ostende et de Marennes sont aussi très recherchées. La mer de Cette fournit enfin une grande espèce d'huîtres appelée *pied de cheval,* que l'on mange dans tout le Midi.

On a souvent prétendu, mais à tort, que le lait exerçait une action dissolvante sur les huîtres et en accélerait la digestion :

les acides étendus ont seuls la propriété de les dissoudre. C'est donc avec raison que les amateurs d'huîtres préfèrent aux vins rouges les vins blancs, moins alcooliques et légèrement acidulés. L'eau des huîtres a la réputation d'être apéritive : l'analyse chimique a démontré qu'elle contenait beaucoup de chlorure de sodium, du chlorure de magnesium, du sulfate de magnésie, du sulfate de chaux et une assez forte proportion d'osmazôme. Ces substances peuvent avoir une action sur l'estomac, et il est possible qu'elles ouvrent l'appétit.

Depuis Sergius Orata, qui, d'après Pline, est l'inventeur des réservoirs d'huîtres; depuis Vitellius, qui engraissait ces mollusques dans le lac Lucrin, la consommation des huîtres a pris une extension considérable, et elle occupe actuellement un rang assez important parmi nos aliments. Les travaux de M. Coste sur les bancs d'huîtres témoignent de l'importance de la question. Mais, malgré tous les efforts qui ont été faits depuis 1859, malgré la création de l'ostréiculture, les huîtres s'en vont; il est probable qu'elles augmenteront encore de prix, et nous sommes déjà loin du temps où nos pères s'asseyaient devant une cloyère d'huîtres à cinq sous la douzaine.

Si l'huître offre une assez grande importance au point de vue de l'alimentation, sa coquille présente aussi quelque intérêt. Les *écailles* d'huîtres sont en grande partie formées de carbonate de chaux. Voici d'ailleurs leur composition exacte, d'après les analyses de MM. Buchols et Brandes :

Carbonate de chaux. . .	98,6
Phosphate de chaux. . .	1,2
Matière organique. . . .	0,2
	100,0

Réduites en poudre, elles sont quelquefois employées comme remède absorbant, et produisent des effets salutaires dans le traitement du goître. Elles servent encore comme engrais et on les emploie journellement sur les côtes pour amender la terre.

Les écailles d'huîtres d'Europe ne sont pas, en définitive, d'une très grande utilité, et on a fait bien des tentatives infructueuses pour les faire servir à quelque chose. Il n'en est pas de même pour les coquilles d'huîtres que l'on rencontre dans les mers intertropicales.

La *came* est une variété d'huître à coquille solide, épaisse, dont la valve supérieure est formée de lames superposées, de diverses couleurs. Cette coquille a une assez grande valeur : on en fait des camées qui imitent quelquefois les onyx et les pierres dures.

Mais ce qui rend surtout précieuses certaines variétés d'huîtres, c'est une espèce de maladie à laquelle elles sont sujettes. Cette maladie est la cause d'une activité anormale dans le travail secrétoire, qui donne naissance à la nacre. Une concrétion isolée se forme dans une des anfractuosités de la coquille, s'accroît peu à peu, et c'est ainsi que la perle prend naissance.

C'est autour de l'île de Ceylan, et près de l'île de Bahrein dans le golfe Persique, que les huîtres sont surtout sujettes à cette maladie, à cette sécrétion singulière, et produisent les perles les plus estimées.

Malheureusement, la maladie n'est ni contagieuse ni épidémique, et nos huîtres d'Europe n'en seront jamais atteintes.

DIX-HUITIÈME CAUSERIE

LES HUILES DE PÉTROLE.

C'est en Amérique que l'on rencontre les plus grands réservoirs naturels de ce liquide noirâtre, épais, presque visqueux que l'on nomme le pétrole. Dans certaines localités, et principalement dans la Pensylvanie, le Texas et le Canada, les massifs géologiques sont découpés par des canaux souterrains, remplis de l'huile minérale qui, véritable filon liquide, s'étend parfois sous des contrées entières. Dans les localités où s'exploite le pétrole, on fore des puits, et quelquefois le liquide jaillit spontanément, comme l'eau des puits artésiens ou comme celle des sources intermittentes, de ces jets d'eau chaude naturelle dont le grand Geyser d'Islande, qui lance dans l'air, à des intervalles rapprochés, une immense colonne d'eau (fig. 75), est un des plus curieux exemples. De toutes parts on aperçoit des fûts entassés autour des puits en activité (fig. 76); le sol est partout imbibé de l'huile, qui se déverse quelquefois dans les campagnes, quand la saignée pratiquée dans les entrailles de la terre a donné un rendement inattendu.

Les hommes eux-mêmes sont couverts de l'infect produit qu'ils exploitent, et le pays offre le plus étrange aspect, la plus fantastique physionomie. De distance en distance de grandes affiches, soutenues par des poteaux, vous apprennent que le feu est banni de ces régions : ON NE FUME PAS ICI, est la formule invariable que tout propriétaire placarde à l'entrée des

FIG. 75 — LE GRAND GEYSER D'ISLANDE.

chantiers de forage. En effet, l'huile minérale naturelle prend feu avec la plus grande facilité, et certaines qualités de pétrole dégagent à la température ordinaire des vapeurs extraordinairement subtiles, capables de s'enflammer à une assez grande distance d'un foyer incandescent.

L'exploitation d'une matière aussi combustible offre donc de grands dangers, malgré les précautions que prennent les mineurs d'une même localité : à peine arraché de ses gisements séculaires, le liquide minéral cause parfois les plus épouvantables désastres. Pour ne citer qu'un exemple des accidents multiples dus au pétrole, portons-nous par la pensée à Idione, dans la Pensylvanie. C'est le 11 mai 1862. Un mineur vient de donner un violent coup de sonde au fond du puits qu'il a foré inutilement depuis de longues semaines. Il croit subitement entendre comme le bruissement d'un liquide contre des pierres, puis c'est un bouillonnement tumultueux ; bientôt l'huile monte avec la rapidité de l'éclair, elle s'échappe du chemin qui lui est ouvert avec une violence extrême, et jaillit comme un nouveau Geyser à douze mètres au-dessus du sol (fig. 77).

De ce jet formidable s'élève un nuage épais de vapeurs qui plane à quelques mètres plus haut. Immédiatement on éteint tous les feux du voisinage, mais une lumière est restée allumée à 360 mètres de ce torrent impétueux. Le gaz s'enflamme à ce foyer. Le feu se communique au liquide jaillissant, et le puits se transforme en une pièce d'artillerie formidable qui vomit la flamme et qui lance dans l'espace une fumée opaque qui cache le ciel sous un sinistre manteau. Mais le liquide enflammé ruisselle bientôt dans les campagnes environnantes ; il promène sur le sol des torrents de feu, et la scène du désastre grandit d'instant en instant. Les fûts remplis d'huile éclatent et produisent le bruit d'une canonnade. A l'horreur de l'incendie se joint l'épouvante de l'explosion ; des cadavres mutilés sont projetés à plusieurs mètres en l'air. Là des femmes, des enfants se sauvent au milieu de cette lueur effrayante

FIG. 76. — VUE DE LA RÉGION DES PUITS DE PÉTROLE EN PENSYLVANIE (ÉTATS-UNIS).

produite par l'embrasement de toute une contrée. Pas de lutte possible contre cet ennemi, pas d'espoir de sauvetage : il n'y a qu'à fuir en entendant le râle des moribonds atteints par ce fléau sans égal, qui est tout à la fois incendie et inondation. Le feu s'éteint quand l'huile est épuisée et quand il ne reste plus sur le sol que cendres et débris.

Plusieurs fois aux États-Unis des scènes analogues ont su-

FIG. 77. — INCENDIE DE PÉTROLE EN PENSYLVANIE.

bitement jeté l'épouvante, la ruine et la dévastation dans des régions qu'animait un travail prospère. De nombreuses catastrophes analogues, dès l'origine de la nouvelle exploitation, vinrent successivement apprendre aux peuples civilisés quels étaient les dangers que pouvaient offrir l'exploitation et l'usage de l'huile minérale.

La question la plus importante pour le présent est celle de

l'inflammabilité. Or il faut nettement distinguer ici l'huile brute naturelle de l'huile rectifiée limpide que l'on emploie pour l'éclairage, et qui n'offre pas réellement de grands dangers.

L'huile brute naturelle que les navires importent en Europe renferme tous les produits volatils que la distillation doit séparer. Elle est souvent extraordinairement inflammable. Par une température de jour d'été, elle émet constamment des vapeurs qui peuvent aller prendre feu à un foyer éloigné, et allumer en même temps la source d'où elles s'échappent.

Quand des fûts de pétrole ont fait une longue traversée, il en est forcément qui sont plus ou moins détériorés, qui fuient et qui remplissent le navire de vapeurs *explosibles au contact de l'air*. Un vaisseau peut donc être transformé ainsi en une poudrière, ou devenir semblable à la galerie de la houillère d'où vient de se dégager le feu grisou. Une allumette suffit pour mettre le feu à un gigantesque brasier.

On a cherché déjà des moyens de remédier à ces redoutables inconvénients ; de bons procédés ont été proposés, mais il en est peu que l'on ait employés. M. Gibson a le premier adopté le système de navires à compartiments en fer pour le transport du pétrole sur mer, et son système a été adopté par quelques autres négociants. Ces bâtiments sont partagés par compartiments en tôle formant une série de bâches qui doivent être étanches. Ces bâches sont complètement remplies d'huile, et le liquide ne peut être soumis à aucun mouvement, à aucun clapotement. Pour permettre la dilatation ou la contraction de l'huile par suite des changements de température, le réservoir à pétrole est muni d'un tuyau coudé qui plonge dans un autre réservoir rempli d'eau. Toute fuite de vapeur ou de liquide est interceptée, et si le pétrole se contracte dans une bâche, l'eau reprend son niveau normal dans l'autre. Malheureusement peu de vaisseaux sont aussi bien organisés. Ces navires offrent encore un autre avantage : l'huile qu'ils renferment est pompée pour le déchargement dans de grands réservoirs de tôle, et l'on n'a pas à craindre, quand l'appareil fonctionne bien, qu'une fuite répande dans l'air une vapeur inflammable.

L'huile de pétrole, que tout le monde connaît aujourd'hui, que l'on emploie pour l'éclairage, est un liquide transparent, limpide, doué d'une odeur désagréable. L'huile brute,

FIG. 78. — LAMPE A PÉTROLE.

comme nous l'avons dit, est noire comme du cirage, et offre une consistance assez épaisse; son odeur est encore plus pénétrante que celle de l'huile rectifiée.

Dans l'industrie, on distille l'huile naturelle dans des cornues en fonte, et elle commence à bouillir à une assez basse température, de 40 à 60° environ. Elle dégage des vapeurs qui se condensent en une huile très légère, très limpide, très inflammable, que l'on appelle l'*essence* et qui est employée comme dissolvant des corps gras. En continuant la distillation, on obtient une huile un peu plus dense, qui est l'*huile de l'éclairage*, employée dans la lampe à pétrole (fig. 78). On a beaucoup exagéré les dangers de l'inflammation de l'huile de l'éclairage au pétrole; ce produit est combustible, *mais il ne s'enflamme pas à distance* et il est certainement moins redoutable que l'esprit-de-vin que l'on allume bien impunément cependant dans les lampes destinées à faire le café. Cent fois nous avons, dans notre laboratoire, expérimenté des huiles minérales qu'une allumette en ignition n'enflammait que par son contact, et auxquelles elle ne faisait pas prendre feu à un centimètre de distance.

L'éclairage au pétrole offre l'inconvénient de répandre dans l'air une odeur vraiment désagréable, à laquelle il est bien difficile de s'habituer; mais en employant des appareils de combustion mieux combinés et des brûleurs spéciaux, on arrivera sans doute à éviter ces émanations si désagréables. Du reste, il ne nous paraît pas possible que le public résiste à l'attrait du bon marché de ce procédé d'éclairage, qui, à égalité d'éclat, n'exige qu'une dépense environ quatre fois moins forte que les bougies stéariques. Voici les prix approximatifs des combustibles suivants, en supposant qu'ils produisent une même quantité de lumière pendant dix heures. Le pouvoir éclairant est supposé égal à celui de vingt bougies de spermacéti.

	fr.	c.
Gaz de l'éclairage	»	45
Huile de pétrole	»	75
Bougies stéariques	1	10
Bougies de cire	6	
Spermacéti	8	30

La question de l'éclairage au pétrole est particulièrement étudiée en Angleterre, et un grand nombre de systèmes y fonctionnent déjà avec avantage. En France, nombre de fabricants intelligents étudient également cette importante branche de l'industrie moderne, et nul doute que leurs efforts ne soient un jour couronnés de succès.

Comme combustible propre au chauffage des machines à vapeur, l'huile minérale a préoccupé les esprits aussi bien en Europe qu'en Amérique. — Les avantages du pétrole sur le charbon sont manifestes. — Le charbon liquide ne laisse pas de cendres; il occupe moins de place à poids égal que la houille, dont les morceaux, si bien entassés qu'ils soient, sont toujours séparés par des vides. Enfin, la combustion d'une tonne de pétrole peut produire deux fois plus de vapeur d'eau que celle d'une tonne de charbon de terre.

Les Anglais et les Américains ont fait faire un pas considérable à ce problème important. A Woolwich, à Lambeth, à San-Francisco, des essais ont été entrepris sur une grande échelle. Les appareils américains consistent généralement en une série de becs où brûle le pétrole volatilisé à l'état de gaz, système dans le détail duquel il ne nous est pas possible d'entrer. Ces systèmes fonctionnent actuellement, tout défectueux qu'ils sont; mais sur les lieux de production de l'huile minérale on ne marchande guère le pétrole, et l'emploi de ces procédés serait ici beaucoup plus cher que la combustion du charbon. En France, on n'a guère fait mieux; on se rappelle sans doute les anciennes tentatives de M. Henri Sainte-Claire Deville, qui, tout en jetant un nouveau jour sur cet important problème, n'est pas parvenu à le résoudre. Parmi les systèmes français, citons un procédé ingénieux de M. Rouillé, qui chauffe la chaudière des machines à l'aide de chalumeaux, où la vapeur de pétrole, violemment insufflée par un courant d'air intense, brûle en produisant une haute température.

Tous ces essais conduiront-ils, dans un avenir prochain, à des résultats fructueux? Le prix du pétrole, beaucoup plus élevé en France qu'en Amérique, nous permettra-t-il de réaliser ce que font nos voisins d'outre-Atlantique? Nous l'ignorons; mais, quoi qu'il en soit, il paraît certain que l'industrie de l'huile minérale s'ouvrira tôt ou tard dans cette direction une voie féconde.

L'industrie du pétrole grandit avec une étrange rapidité; et, dès l'origine, elle s'est développée d'une manière tout inattendue. Dans le premier semestre de 1862, 4400000 gallons de pétrole furent emportés de New-York; dans le premier semestre de l'année suivante, la quantité d'huile exportée avait triplé : elle s'élevait à 12700000 gallons. Et c'est d'hier que date véritablement l'exploitation régulière du pétrole, quoique cette huile minérale ait été connue de toute antiquité.

On trouve dans les ruines de l'antique Ninive un mortier asphaltique qui était obtenu par l'évaporation du pétrole. — Les huiles de pétrole qui se rencontrent près de la mer Morte sont mentionnées par les auteurs anciens, et Plutarque décrit une mer de feu ou lac brûlant près d'Ecbatana. — Les Romains avaient quelquefois des lampes à pétrole, s'il faut en croire Pline; et Dioscoride nous apprend que l'huile minérale d'Amiano, en Italie, était usitée à Gênes pour éclairer la ville. — Les sources de Bakou, en Perse, sont célèbres depuis un temps immémorial; elles sont situées près de la mer Caspienne, et, à l'époque de certaines fêtes religieuses, les habitants en répandent sur les flots de la mer des torrents, qu'ils enflamment. Les vagues entraînent au loin ces feux qui jettent mille clartés dans le ciel et produisent le plus éblouissant spectacle.

L'existence des sources de pétrole était inconnue en Amérique jusqu'en 1845; c'est à cette époque qu'un brave mineur, qui cherchait de l'eau salée à Torentum, retira du pétrole des entrailles du sol. Quinze ans plus tard, plusieurs exploitations étaient organisées, et en 1860 on comptait dans Oil-Creek 2000 sources ou puits, dont 74 des plus considérables fournissaient plus de 11000 barriques d'huile brute valant 10000 dollars. L'année suivante, en quatre mois de temps, les deux ports de New-York et de Philadelphie expédiaient en Europe de l'huile minérale pour 4000000 de francs.

DIX-NEUVIÈME CAUSERIE

LES ENGRAIS ET LA NUTRITION DES PLANTES.

Si le règne végétal et le règne animal sont nettement séparés par des caractères différents qui les distinguent, ils ont cependant entre eux des propriétés communes beaucoup plus nombreuses qu'on ne le supposerait au premier abord. Comme les animaux, les végétaux naissent, se nourrissent, croissent, et meurent. Et quand les organes des animaux se simplifient comme chez les zoophytes, les deux règnes se confondent presque complètement.

Ils offrent cependant des caractères qui établissent entre eux une ligne de démarcation bien tranchée. Les animaux se nourrissent, mais ils ont en outre la faculté de *sentir* et de *se mouvoir*. Or sentir, c'est se connaître soi-même, c'est connaître les objets extérieurs, c'est se rendre compte de ses besoins, c'est pouvoir juger de ce qui peut y satisfaire et de ce qui peut y nuire. Se mouvoir, c'est posséder la faculté de fuir ce qui peut être nuisible et de rechercher ce qui est bon; c'est vivre, dans toute l'acception du mot.

La vie chez les végétaux se borne aux fonctions de la nutrition. Généralement fixés au sol, où ils puisent par leurs racines les éléments propres à leur fournir la nourriture nécessaire à leur développement, ils ont des feuilles plus ou moins largement étalées dans l'atmosphère : ces feuilles absorbent les autres principes indispensables à l'entretien de leur vie, et accomplissent ainsi l'acte de la *respiration*.

La nutrition des végétaux s'effectue au moyen des feuilles et des racines. Les feuilles accomplissent dans l'atmosphère une véritable respiration. Sous l'influence de la lumière, elles absorbent l'acide carbonique de l'air, et exhalent de l'oxygène en s'assimilant le carbone nécessaire à leur développement. Les racines plongent dans la terre et vont y puiser les éléments propres à la nutrition du végétal.

On conçoit que si le sol n'est pas suffisamment pourvu des matières propres à nourrir les végétaux servant à nos usages, on pourra ajouter dans ce sol des substances nutritives destinées à être absorbées par la plante qui s'y développe. Ces substances nutritives constituent les *engrais*.

Considérés dans l'ensemble de leur constitution générale, les végétaux renferment du charbon, de l'eau ou ses éléments, de l'azote, du phosphore, du soufre, des oxydes métalliques combinés aux acides phosphorique, sulfurique, des bases alcalines unies à des acides organiques. Un grand nombre de ces substances n'étant pas contenues dans l'atmosphère, proviennent nécessairement du sol.

Il est des sols favorisés dans lesquels se trouvent la plupart de ces substances minérales, ainsi qu'une grande quantité de matières organiques connues sous le nom d'humus ou de terreau. Il en est d'autres, et c'est le plus grand nombre, qui n'en renferment qu'une insuffisante quantité ou qui en sont même entièrement dépourvus. Ces sols, pour devenir fertiles, exigent l'intervention de l'engrais, qui ne saurait être remplacé, ni par l'excellence du climat, ni par l'ameublissement du sol, qui sont cependant des auxiliaires précieux de la végétation.

Chaque culture tend d'ailleurs à diminuer la quantité d'éléments nutritifs contenus dans la terre; aussi devra-t-on réparer cette perte en restituant assez fréquemment au sol les principes qu'on lui a enlevés.

Les engrais le plus communément employés ne sont que des débris de plantes, des dépouilles ou des excrétions d'animaux, et contiennent, par le fait même de leur origine, l'ensemble des principes qui constituent les êtres organisés.

On admet généralement deux classes d'engrais : 1° les fumiers d'origine organique, dans lesquels on retrouve les éléments constituants des végétaux et des animaux ; 2° les amendements minéraux, salins et alcalins.

Cette distinction n'est pas fondée. Tous les agents dont le cultivateur dispose pour augmenter, pour conserver la fertilité de la terre doivent être désignés sous le terme générique d'engrais. Le plâtre, la marne, les cendres comme le fumier, le sang et l'urine sont des engrais : ils concourent au même but, qui est d'accroître la production végétale. Cette division offre cependant l'avantage de faciliter l'étude des engrais ; aussi nous la conserverons et nous allons entrer dans quelques détails au sujet des principaux engrais qui prennent place dans ces deux classes plutôt fictives que réelles.

Aussitôt après avoir fauché l'herbe des prairies, si on l'enfouit dans le sol, elle s'échauffe, fermente, se putréfie et constitue un engrais d'un bon emploi, dont l'usage date des temps les plus reculés.

Théophraste, Pline, Columelle et les auteurs latins qui ont écrit sur l'agriculture, ont indiqué ce moyen d'améliorer les terres.

L'herbe enfouie est connue sous le nom d'*engrais vert*. Le lupin, les fèves, les vesces, les débris de plantes, telles que les feuilles de betteraves, de carottes, de pommes de terre, peuvent être considérés comme des engrais verts, qui dans certains cas sont d'un emploi avantageux.

La paille, et quelques autres substances d'origine végétale, telles que les feuilles d'arbre, la pulpe de pommes de terre provenant du résidu des féculeries, l'eau du rouissage du chanvre et du lin, les marcs et tourteaux de graines oléagineuses sont quelquefois de bons engrais. Il faut cependant faire remarquer que les matières végétales sèches, employées seules ou mélangées avec de la terre, se décomposent avec beaucoup de lenteur; aussi doit-on y ajouter quelque substance capable de se décomposer rapidement.

Les excréments et les urines des animaux sont très propres à remplir cet objet; on sait que l'on détermine généralement dans la paille une fermentation plus ou moins active en la mélangeant avec les excréments solides ou liquides des animaux dont elle forme la litière.

Cette fermentation a pour effet de déterminer dans les débris végétaux une altération assez profonde pour les rendre capables de fournir aux plantes les éléments organiques ou minéraux qu'ils doivent leur procurer.

Ces produits ainsi préparés sont connus sous le nom de *fumiers*. On appelle habituellement fumiers, les engrais que l'on obtient en faisant absorber les déjections animales, solides et liquides, par des substances diverses désignées sous le nom de *litières*.

Les fumiers sont généralement considérés comme les plus convenables de tous les engrais dont dispose le cultivateur. Dans toute exploitation agricole, la présence des animaux étant indispensable, il en résulte que le fumier se forme sur les lieux mêmes, pour ainsi dire tout seul.

Les fumiers proviennent des déjections d'animaux divers, tels que les moutons, les poules ou même les pigeons. Le fumier provenant de ces derniers animaux est connu sous le nom de *colombine*.

Depuis bien longtemps on exploite sur le littoral du Pérou, notamment aux îles Chincha et de la Bolivie, un engrais analogue à la colombine (fig. 79). Il se trouve en abondance sur quelques côtes de la mer du Sud. Ses dépôts atteignent quelquefois 20 mètres d'épaisseur. Il est exploité à ciel ouvert, sous le nom de *guano* (fig. 80 et 81). Sa richesse en phos-

FIG. 79. — VUE DES COUCHES DE GUANO AUX ILES CHINCHA (PÉROU).

phates et en sels ammoniacaux le rend précieux aux agriculteurs.

Parmi les autres engrais d'origine animale, on peut citer le noir animal, les animaux morts, la chair musculaire, le sang, les débris de poissons, les débris et chiffons de laine, les cheveux et poils de toute sorte, la corne et les sabots des animaux, les excréments et les divers débris de ver à soie, qui renferment des quantités considérables d'azote et qui, par leur mélange avec d'autres substances, constituent d'excellents engrais artificiels.

Tous ces engrais organisés ont des compositions chimiques très variables; la quantité d'azote qu'ils renferment varie depuis 2 pour 100, comme dans le fumier de ferme, jusqu'à 14 ou 15 pour 100, comme dans le sang ou la râpure de cornes. Ils agissent avec une efficacité remarquable sur la végétation.

Nous allons ajouter quelques mots sur les engrais minéraux, qui, au point de vue de leur utilité, sont aussi importants que les premiers.

La plupart des agriculteurs donnent le nom d'*amendement* aux engrais minéraux. Les principaux de ces engrais sont : la chaux et les calcaires, le phosphate de chaux, le sulfate de chaux (gypse ou plâtre), le chlorure de sodium (sel marin), la tangue, les cendres, la suie, le nitrate de soude, le sulfate d'ammoniaque et le sulfate de magnésie.

La chaux est aujourd'hui tellement répandue, qu'il y a peu de fermiers qui ne s'occupent autant du chaulage que de la fumure ordinaire.

La chaux agit sur les argiles du sol, les décompose et met en liberté les alcalis, c'est-à-dire la potasse et la soude, ce qui favorise la culture des plantes auxquelles ils sont nécessaires; elle agit aussi sur les sels ammoniacaux, et en dégage l'ammoniaque, qui pourra dès lors concourir au développement de végétaux.

Le plâtre est surtout employé pour les terres qu'on destine

FIG. 80. — EXPLOITATION DE GUANO AUX ÎLES CHINCHA (PÉROU).

à recevoir les légumineuses; ses effets utiles sont reconnus, mais on a ignoré longtemps la cause de son action. M. Dehérain a entrepris sur l'action du plâtre de savantes recherches, et il est parvenu à éclairer la science sur ce point. Après d'importants travaux sur les phosphates employés en agriculture, il a reconnu que le plâtre favorisait la solubilité de la potasse. Le plâtre produit surtout un excellent effet sur les prairies artificielles, et quand il y a été convenablement répandu à l'époque où les plantes ont acquis un certain développement, il agit avec une efficacité remarquable sur les légumineuses qui sont la base de la prairie artificielle. L'analyse des cendres de végétaux différents fait voir que leur composition varie d'une espèce à une autre; le blé, par exemple, n'offre pas une composition chimique identique à celle du trèfle ou de l'avoine, ce qui a pu conduire à la conclusion suivante : les espèces différentes n'absorbent pas dans le sol les mêmes principes, et il faut faire varier pour chaque plante la nature de l'engrais.

L'étude de la composition des végétaux a fourni à la science l'explication d'un grand nombre de phénomènes observés en agriculture, et a permis aux cultivateurs d'employer avec discernement les engrais, c'est-à-dire de fournir à chaque espèce ce qui est nécessaire à son développement, en agissant ainsi dans les meilleures conditions pour favoriser la végétation.

Les engrais jouent aujourd'hui un rôle si important dans l'agriculture, ils sont appelés à exercer sur sa prospérité une influence telle, qu'on s'est préoccupé bien souvent d'en accroître le nombre par l'emploi de substances nouvelles propres à favoriser la fertilité du sol. La chimie agricole a fourni à l'art de la culture un grand nombre de produits minéraux et de nouveaux agents d'une efficacité reconnue.

Mais, tandis que l'on s'occupe de produire de nouveaux engrais, n'est-il pas déplorable de voir avec quelle prodigalité

FIG. 81 — DÉCHARGEMENT D'UN WAGON DE GUANO AUX ILES CHINCHA (PÉROU)

on perd dans nos grandes villes les éléments capables de contribuer à la richesse du sol?

Ainsi, chaque soir, à Paris, quand on vide les fosses d'aisances, on fait écouler dans les égouts des liquides renfermant des sels ammoniacaux de l'azote, qui sont à jamais perdus pour l'agriculture.

On a souvent proposé de bâtir nos maisons de telle manière que l'on pourrait recueillir ces produits; mais les constructions modernes n'en sont pas moins établies sur le modèle des anciennes constructions, et pendant longtemps encore on continuera à jeter dans les fleuves ces liquides si précieux, puisqu'ils contribuent à l'accroissement des biens de la terre.

La production des engrais est devenue une véritable industrie, qui comprend un grand nombre d'établissements. Les engrais se fabriquent et se vendent aujourd'hui sur une très grande échelle. A Pantin et à la Villette se trouvent des dépôts abondants de poudrette, et l'analyse chimique vient fournir à cette branche de commerce son puissant concours.

C'est ainsi que la plupart des engrais sont livrés à l'agriculture avec le résultat de l'analyse à laquelle ils ont été soumis. On y détermine généralement la quantité d'azote et d'acide phosphorique qu'ils renferment, car ce sont là les aliments par excellence de la plupart des végétaux.

Grâce aux travaux des Liebig, des Isidore Pierre, des Boussingault, des Malaguti et de quelques autres savants éminents, la chimie s'est enrichie d'un nouveau domaine, qui est celui de la *chimie agricole*.

L'étude de la végétation, l'observation scrupuleuse de la nature, la répétition dans les laboratoires des réactions qui se passent dans les champs et les basses-cours, sont appelées à augmenter, de jour en jour, l'importance de la chimie agricole, qui est elle-même destinée à favoriser l'extension de l'agriculture, à être la cause de sa prospérité, à produire enfin la richesse du sol, c'est-à-dire le bien-être des sociétés.

Si l'on peut aujourd'hui, jusqu'à une certaine limite, expliquer et comprendre le phénomène de la végétation ; si l'on est arrivé à écarter quelques-uns des prétendus mystères qui entouraient les causes encore inconnues du développement des plantes; si la chimie agricole est venue envahir le domaine de l'agriculture, il faut avouer cependant que pendant longtemps, on a semé et fait germer des plantes sans savoir ce que c'est que la végétation, qu'on a employé des fumiers dans l'ignorance la plus complète de leur mode d'action, et qu'on a nourri des bestiaux avec du foin, sans connaître l'équivalent du foin. Cependant le blé poussait et les bœufs engraissaient.

Il ne manque pas de gens qui prétendent que la science est assurément une belle chose, mais destinée aux savants, et que la pratique doit être réservée à d'autres, sans doute aux ignorants. Cette thèse compte encore plus de défenseurs qu'on ne pourrait le croire, surtout en ce qui concerne l'agriculture. Que de personnes soutiennent qu'un chimiste, un agronome, un savant, sont incapables de diriger une exploitation, et que les conseils de la science, loin d'être utiles, sont plutôt pernicieux !

S'il est arrivé que des gens habiles ont échoué, faut-il en conclure que la science est nuisible au cultivateur? Ne faut-il pas remarquer d'ailleurs que l'ignorance n'a jamais été une cause de succès, et l'agriculture est là pour démontrer que la routine n'est pas seule capable de produire à bon marché de la viande et du grain. La ferme de Bechelbronn et tant d'autres prouvent que, fût-on un homme instruit, on peut mener à bonne fin une exploitation agricole, et qu'il est souvent utile de savoir ce qu'on fait.

Si la science est quelquefois attaquée, elle sait répondre elle-même par les résultats auxquels elle est arrivée, en agriculture comme en toute chose. D'ailleurs le moment approche où l'application de la vapeur et même celle de l'électricité à la culture viendront changer la face des exploitations agricoles et montrer qu'elles trouveront profit à suivre la marche du siècle et de la science.

VINGTIÈME CAUSERIE

L'ÉLECTRICITÉ ET LA PILE ÉLECTRIQUE.

Le philosophe grec Thalès, qui vivait 600 ans avant notre ère, ayant un jour frotté avec une étoffe de laine un morceau d'ambre jaune, s'aperçut que cette substance pouvait acquérir la singulière propriété d'attirer les corps légers, tels que des barbes de plumes ou des fétus de paille. Personne n'ignore que c'est du mot grec *electron* (ambre) que l'électricité a tiré son nom. C'est là tout ce que l'antiquité nous a légué en ce qui concerne les phénomènes électriques.

Pendant plus de deux mille ans le fait observé par Thalès devait rester complètement isolé.

Ce n'est que vers la fin du XVIe siècle que la science de l'électricité prit réellement naissance, grâce à la nouvelle méthode scientifique que venaient de créer Bacon, Descartes et Galilée.

Cette science eut pour père Guillaume Gilbert qui, ayant repris l'expérience faite par les anciens sur l'ambre jaune, s'aperçut qu'un grand nombre de substances jouissaient de la propriété qui était regardée comme appartenant exclusivement à cette matière, et que le verre, le soufre, la plupart des pierres précieuses, etc., étaient capables d'attirer les corps légers quand on les frottait, ou, en d'autres termes, étaient capables de s'électriser par le frottement.

Gilbert laissa la science électrique dans l'enfance. Après

lui, Otto de Guericke dota cette science de sa première machine.

Une sphère de soufre était vivement frottée pendant qu'il lui imprimait au moyen d'une manivelle un rapide mouvement de rotation. Quelle ne fut pas la stupéfaction d'Otto de Guericke quand, approchant la main de cet appareil grossier, il en vit jaillir la première étincelle électrique! Cet habile physicien fit des observations qui devaient être les bases de la science nouvelle.

Grey s'aperçut après lui que le *fluide électrique* pouvait être transmis à de grandes distances par certains corps, qu'il appela *conducteurs*, tandis qu'il ne pouvait pas l'être par d'autres, qu'il appela *mauvais conducteurs*. Il distingua ainsi les corps en *électrisables* et *non électrisables*.

Grey fut peu à peu conduit à faire l'expérience suivante, qui est un des faits les plus importants de l'histoire de l'électricité. Il attacha à un tube de verre une petite corde de chanvre qui servit à maintenir de longs roseaux placés bout à bout. L'extrémité du dernier roseau, terminée par une boule d'ivoire, atteignait le sol, tandis que le tube de verre était placé sur le balcon de sa maison. Il frotta le verre, et la personne qui se trouvait à vingt-six pieds au-dessous de lui, dans la cour, reconnut que la boule d'ivoire qui terminait l'appareil jouissait, à un très haut degré, de l'attraction électrique. Le physicien Grey fut ainsi amené à découvrir le fait du transport de l'électricité à distance.

Les progrès allaient dès lors se succéder rapidement, pour donner naissance à la théorie des deux fluides électriques, sur laquelle repose la construction de nos appareils.

La machine grossière d'Otto de Guerike allait se perfectionner peu à peu et se transformer en ces puissants appareils qu'on fabrique aujourd'hui et qui sont capables de produire des étincelles assez puissantes pour imiter en tout point les terribles effets de la foudre.

FIG. 83. — DÉCOUVERTE DE L'ÉLECTRICITÉ ANIMALE PAR GALVANI,
LE 20 SEPTEMBRE 1786.

Quelle que fût l'importance de ces faits acquis, la science de l'électricité ne devait pas s'arrêter là.

Le frottement n'est pas la seule cause de la production du fluide électrique; on devait reconnaître plus tard que les phénomènes de combinaison chimique produisent aussi de l'électricité. Ce fut Volta qui eut l'honneur de découvrir ce fait et de créer, tout au commencement de notre siècle, la pile électrique, qui, suivant l'expression d'Arago, « est le plus merveilleux instrument que les hommes aient jamais inventé. »

Ce sont les expériences physiologiques de Galvani, professeur d'anatomie à Bologne, qui conduisirent Volta à cette mémorable découverte. Galvani s'occupait de recherches sur le fluide nerveux et étudiait l'action de l'électricité sur les nerfs. Ayant un jour, en 1780, attaché à un balcon en fer les membres inférieurs d'une grenouille au moyen d'un fil de cuivre, il vit, avec une surprise bien légitime, ces membres s'agiter convulsivement chaque fois que le vent les mettant en contact avec le fer du balcon (fig. 82). Il répéta cette expérience et se trouva en possession d'un fait inattendu qui est devenu le point de départ des plus brillantes découvertes.

Pour expliquer ces contractions, Galvani supposa que les nerfs des animaux contenaient une certaine quantité d'électricité qui, passant dans un cercle métallique, excitaient une commotion : pour lui, la grenouille jouait le rôle d'une bouteille de Leyde.

Cette théorie eut un succès presque universel, mais elle ne tarda pas à être vivement combattue. Volta, professeur de physique à Pavie, répéta l'expérience de Galvani, fut frappé de ce fait, qu'il était nécessaire qu'il y eût deux métaux différents, et, après une série d'admirables recherches et de travaux continuels, il arriva à conclure que le contact des deux métaux était la cause de la formation du courant électrique et imagina un grand nombre d'expériences à l'appui de ce fait.

Une lutte mémorable s'éleva entre les deux savants, lutte

aussi féconde qu'intéressante, puisque Galvani put démontrer l'existence de l'électricité animale, et créer le galvanisme, tandis que Volta fournit à la science la pile électrique, s'élevant ainsi au rang des plus grands inventeurs.

Et cependant Volta se trompait. Deux métaux en contact ne dégagent pas de l'électricité; ils n'en produisent que lorsqu'il y a action chimique, lorsque l'un d'eux, par exemple, est attaqué par un acide.

La pile de Volta, au moyen de laquelle on pouvait obtenir des effets physiologiques, des étincelles, des décompositions chimiques, était un appareil incapable de produire une action énergique. Elle a été perfectionnée depuis, et on se sert actuellement d'un instrument qui, fondé sur les mêmes principes, en diffère essentiellement quant à la forme et quant aux effets qu'il produit.

Les courants électriques sont souvent fournis par la pile de Bunsen.

Cette pile, d'une extrême puissance, était loin d'être le terme auquel l'électricité devait s'arrêter; cet agent allait trouver plus tard dans la bobine de Ruhmkorff un instrument qui devait décupler sa puissance.

La découverte de la pile électrique est un de ces faits qui font époque dans l'histoire de l'humanité, et lorsqu'elle fut réalisée en 1800 par Volta, tous les regards se dirigèrent vers ce nouvel appareil, car on semblait pressentir alors quels étaient les services que la science en pouvait attendre.

Source de chaleur et de lumière, force motrice, puissant agent d'action chimique, instrument de phénomènes physiologiques les plus variés, la pile électrique est un véritable Protée conçu par la science moderne.

Cette pile, capable de décomposer les substances que nous rencontrons sur le globe, allait conduire à la découverte de corps simples nouveaux, de métaux inconnus jusqu'alors; capable aussi de combiner les corps, elle allait fournir à la chimie des ressources qui devaient assurer à cette science une admirable puissance d'analyse et de synthèse, elle était destinée à produire une lumière analogue, par son éclat à celle qui nous vient du soleil, et elle devait enfin donner naissance à la télégraphie électrique.

De toutes les inventions modernes, la pile électrique est certainement la plus originale et la plus féconde, en ce sens qu'elle est universelle dans ses applications.

L'instrument que Volta nous a légué nous donne en même temps tous les moyens d'action, et ces effets qu'elle produit, nous pouvons les mettre en jeu isolément, ou tous réunis; ils obéissent aveuglément à notre volonté.

Grâce à cet appareil, l'électricité est le messager rapide qui transmet nos dépêches; c'est le moteur qui peut accomplir nos travaux mécaniques, c'est l'agent mystérieux qui opère dans nos laboratoires l'analyse et la synthèse, qui peut faire adhérer les métaux précieux sur les métaux communs et servir à la dorure, à la galvanoplastie; faire adhérer le cuivre sur nos navires et leur assurer une longue durée; qui peut accomplir de remarquables effets physiologiques, et servir à la médecine; qui peut éclairer les plongeurs au fond des eaux, les mineurs au sein de la terre, qui est capable enfin de dissiper par ses rayons éclatants l'obscurité de la nuit.

Parmi les forces de la nature, l'électricité est celle qui a été le plus récemment étudiée, c'est aussi celle à qui l'on doit les applications les plus utiles.

VINGT ET UNIÈME CAUSERIE

LES GRANDS FROIDS

A PROPOS DE L'HIVER 1879-1880

Les grands froids qui ont sévi à Paris dans le courant du mois de décembre 1879 sont presque uniques dans l'histoire de notre capitale. Le *Bulletin international du bureau central météorologique de France* enregistre le mardi 9 décembre, à huit heures du matin, une température de 23°, 9 au-dessous de zéro ; quelques heures auparavant, M. Renou constatait à Saint-Maur, dans son observatoire du parc, une température sur la neige de 28° au-dessous de zéro, et à une heure du matin, le thermomètre extérieur, dans cette même localité, donnait le lendemain 25°, 6 au-dessous de zéro. Deux fois seulement, en 1788 et en 1795, le froid a sévi d'une façon presque aussi intense ; le thermomètre ayant indiqué 21°, 50 et 23°, 50 au-dessous de zéro.

Voici ce que l'histoire fournit sur les hivers les plus remarquables. Ils ont été très rigoureux dans les années 765, 01, 1067, 1210, 1305, 1354, 1358, 1361, 1364, 1408, 1420, 1460, 1480, 1493, 1507, 1522, 1600, 1608, 1638, 1657, 1663, 1670, 1677. Dans la suite, l'usage du thermomètre a permis de faire des observations certaines et d'enregistrer des chiffres comparatifs.

Il nous a paru curieux de recueillir quelques détails historiques sur les grands froids qui ont sévi depuis le VIe siècle jusqu'à nos jours.

La *Chronique de Saint-Denis* nous apprend que les hivers de 544 et 547 furent d'une excessive rigueur dans les Gaules, au point que les oiseaux gelés se laissaient prendre à la main. « Li oisel furent si destroit de faim et de froidure que on les prenait sus la noif aus mains sans nul engin. »

La même Chronique signale encore les hivers de 593, de 763, de 859, de 874, qui furent très froids et accompagnés du triste cortège de la famine et des épidémies. Le tiers de la population de la France périt, dit-on, à la suite de fléaux causés par le froid. La neige était d'une abondance telle, que les forêts devenues inaccessibles, ne pouvaient plus fournir de bois.

Passons rapidement sur ces lugubres souvenirs en mentionnant les hivers des années 887, 940, 1020, 1043, 1067, comme ayant été aussi d'une excessive rigueur. En 1068, en Angleterre, la gelée amena une effroyable famine. Les hommes furent contraints de manger du chien, du cheval et même de la chair humaine, celle des victimes qu'abattait pêle-mêle le double fléau de la faim et d'un froid mortel. De 1076 à 1077, les gelées se prolongèrent pendant quatre mois en France et toutes les récoltes furent perdues. En 1124, on vit des anguilles quitter les étangs gelés du Brabant et se réfugier dans des granges, où le froid vint encore les saisir et les faire périr.

Des froids intolérables marquent encore les hivers de 1133, 1210, 1234, 1316, 1408. Pendant ce dernier, à la fin de janvier 1408, le *Petit-Pont* construit à Paris, fut renversé par les glaçons lors de la débâcle de la Seine, ainsi que les maisons établies dessus. Le 31 du même mois, le Grand-Pont, dit aujourd'hui *Pont au Change*, éprouva une secousse si forte que quatorze boutiques de changeurs, qui y étaient construites, furent ruinées (*Registres du Parlement*). Le même jour le Pont-Neuf, quoique bâti en pierres, céda à la violence des eaux et entraîna avec lui les maisons qui s'y trouvaient. Pendant l'hiver de 1520, les loups affamés firent irruption jusque dans les faubourgs de notre capitale. Les pauvres gens, en proie à toutes les souffrances d'une faim dévorante, cherchaient des aliments dans les tas d'ordures.

Pierre de l'Estoile parle en ces termes de l'hiver de 1564 :

L'an mil cinq cent soixante-quatre,
La veille de la sainct Thomas,
Le grand hyver nous vint combattre,
Tuant les vieux noiers à tas;
Cent ans a qu'on ne vit tel cas;
Il dura trois mois sans lascher,
Un mois outre saint Matthias;
Qui fit beaucoup de gens fascher.

L'hiver de 1608, longtemps appelé aussi le *grand hiver*, frappa de mort un grand nombre de passants dans les rues. Le vin se gela dans un calice à l'église Saint-André-des-Arts. En 1657, tous les fleuves de l'Europe furent pris par la gelée, depuis la Fionie, où Charles X, roi de Suède, fit passer sa cavalerie à pied sec sur le petit Belt, transformé en une plaine de glace, jusqu'en Italie, où les voitures purent traverser le Tibre de la même façon.

En 1683, la Tamise tout entière fut gelée à Londres, et une foire put s'y organiser pendant près d'un mois. Une chasse au renard, un combat de taureaux eurent lieu sur le solide radeau de glace. Citons rapidement les hivers extraordinaires de 1709-10, de 1739-40, de 1742, ceux de 1762-63, de 1765-66 de 1767 et de 1776. Dans l'hiver de cette dernière année, la glace de la Seine s'étendait jusqu'à 8 kilomètres en mer à son embouchure, jusqu'au moment où la marée venait briser ce vaste plateau de liquide solidifié. Le courrier de Paris en Picardie fut trouvé mort de froid dans sa voiture quand il arriva à Clermont en Beauvaisis.

En 1710, les arbres gelèrent presque tous. Les blés furent entièrement gelés, et beaucoup de personnes en souffrirent.

Pendant l'hiver de 1788-89, il y eut à Paris plus de deux mois de gelées sans interruption. Louis XVI fit allumer de grands feux dans les carrefours pour que les pauvres gens pussent s'y réchauffer. Ceux-ci, dans leur reconnaissance, construisirent avec de la neige, à la barrière des Sergents, une immense effigie du roi. En 1788 et en 1789, le thermomètre marqua à Paris — 21°,5 et la glace s'étendit sur les rivages de nos côtes. En 1794, en 1795, en 1798, en 1799, en 1800, les hivers furent encore d'une rigueur extrême. Mais ce fut surtout en 1788-89 que le froid sévit avec une violence particulière dans toute l'Europe. La neige dans les rues de Paris atteignit une hauteur de 64 centimètres. Le vin gelait dans toutes les caves, et la glace se forma dans les puits les plus profonds. Les rues de Rome et celles de Constantinople furent couvertes de neige pendant plusieurs semaines. Le thermomètre s'abaissa jusqu'à — 17 degrés à Marseille, — 37 à Bâle en Suisse, — 35 à Brême en Allemagne, — 32 à Saint-Pétersbourg.

La plus basse température qu'on ait vu se produire en France est de 31 degrés au-dessous de zéro. En étudiant les basses températures de notre siècle, nous mentionnerons les froids de 1812, si tristement mémorables dans notre histoire. Tandis que notre armée était soumise en Russie à l'action d'un froid de 30 à 37 degrés au-dessous de zéro, le thermomètre marquait à Paris 10 degrés. Après 1812, les hivers célèbres de notre siècle sont celui de 1829 à 1830, le plus précoce et le plus long des hivers du siècle, et ceux de 1840, 1844, 1846, 1854, qui ont été également très froids. Depuis cette époque, il semble que nous soyons entrés momentanément dans une période de températures plus douces et plus ménagées. Cependant personne n'oubliera l'hiver 1870-71, où pendant la terrible invasion prussienne, la rigueur des gelées semblait faire cause commune, contre nous, avec nos ennemis.

Nous ferons remarquer que les hivers rigoureux sont généralement de longue durée. En 1783-84 il y a eu soixante-neuf jours consécutifs de gelée, en 1788-89 cinquante jours continus, en 1794-95 on en a compté quarante-deux. Depuis le commencement de ce siècle, il est bien rare que le froid ait duré plus de trente jours.

Sous des climats plus septentrionaux que le nôtre, le froid peut atteindre une plus grande intensité. C'est ainsi que, pendant l'hiver de 1834 à 1835, qui fut assez doux en Europe, l'Amérique du Nord fut soumise à une température extraordinairement basse. Tous les ports de Boston, de New-York et du rivage océanique furent entièrement gelés. Le 4 janvier, des voitures traversaient le Potomac transformé en un champ de glace. A Bangor, à Franconie, à Newport, le mercure des thermomètres gelait (40 degrés au dessous de zéro) sous la même latitude que le midi de la France.

Dans les régions boréales, l'air atteint très fréquemment une température capable de solidifier le mercure. D'après le capitaine Parry, à l'île Melville, le mercure est solide cinq mois sur douze. Le corps humain supporte assez bien ces froids *énormes*. En lisant les livres de bord de Parry, de Ross et celui de Hayes, qui est plus *récent*, on voit que les hommes bien enveloppés de fourrures peuvent se promener, chasser ou circuler sur les champs de glace, dans des traîneaux attelés de chiens esquimaux, au *milieu* d'une température assez basse pour congeler le mercure.

Quand l'air est calme, on ne souffre point réellement de ces températures extrêmes, lors *même* que le thermomètre marque 40 degrés au-dessous de zéro. Il en est tout autrement dès qu'une bise glacée vient agiter l'atmosphère. L'explorateur qui a risqué sa vie sur ces plages neigeuses endure alors de cruelles souffrances. C'est au milieu des *mers* boréales que l'homme a constaté les plus basses températures du globe. Parry a vu le thermomètre à alcool marquer

40 degrés au-dessous de zéro, dans l'île Melville. D'autres observateurs ont constaté 58 degrés centésimaux au fort Entreprise dans l'Amérique du Nord, 51 degrés à Nijné-Taguilsk, dans les monts Ourals, — 54 à Nijné-Kolymsk, — 55 à Calès en Norvège, — 57 degrés le 17 janvier 1834, au fort Reliance, enfin — 58 degrés en 1829 à Iakoutsk en Sibérie.

Après plus de trente jours consécutifs d'un froid rigoureux, la température s'est relevée tout à coup à Paris, le 28 décembre 1879, sous l'action d'un vent chaud du sud-ouest. La neige était tombée abondamment pendant les premiers jours du mois, et avait offert à l'observateur l'occasion d'étudier sa curieuse forme cristalline (fig. 83). Cette neige accumulée sur toute la surface du bassin de la Seine a fondu peu à peu, l'épaisse couche de glace qui recouvrait le fleuve ne tarda pas à perdre de sa solidité; et pendant plusieurs jours de suite, elle se trouva soulevée et brisée çà et là.

La débâcle commença partiellement le 2 janvier 1880 (fig. 84). Elle devint générale le samedi 3, dans la matinée, offrant à tous ceux qui en furent témoins, un spectacle imposant, inévitablement accompagné de nombreux accidents. A dix heures du matin, le phénomène s'accomplissait dans toute son intensité. L'eau du fleuve était littéralement cachée sous un monceau de glaçons accumulés et entassés pêle-mêle; on les voyait courir avec une rapidité saisissante, entraînant des bateaux, des poutres, des tonneaux, des débris de toute nature, et frappant à la façon de formidables béliers les piliers des ponts, qu'ils ébranlaient.

Dans le petit bras de la Seine, les glaces, également entraînées par un courant rapide ont produit de nombreux désastres sous les yeux des milliers de spectateurs qui encombraient les quais.

A deux heures, quelques chalands viennent se briser contre les piles du pont Saint-Michel et d'énormes poutres provenant de la rupture des trains de bois le barrent complètement.

FIG. 83. — FORME DE CRISTAUX DE NEIGE VUS A LA LOUPE.

D'énormes blocs s'amoncèlent pendant quelques minutes. C'est un amas de glaçons et de bateaux broyés.

La circulation ne tarde pas à être interdite sur plusieurs ponts (pont des Arts, pont des Saints-Pères), tandis que les sergents de ville défendent de se rassembler sur quelques autres. Tout le petit bras de la Seine est de nouveau obstrué en moins d'une demi-heure et les glaçons ne coulent plus que par le grand bras. En tête du pont Sully, l'estacade tient bon et protège contre cette partie du fleuve jusqu'au pont Louis-Philippe, rive droite.

« La crue de la Seine, dit le *Journal officiel*, est extraordinaire depuis le matin. Le fleuve semble monter à vue d'œil. Dans l'espace de trois heures seulement, de dix heures à une heure, la crue est de 1 mètre 50. En amont du Pont-Neuf, une partie des bains froids a sombré. De l'autre côté, entre le pont Saint-Michel et le Pont-Neuf, plusieurs bateaux ont coulé ou ont été broyés. Des familles entières de mariniers déménagent en toute hâte et transportent non sans difficultés leur mobilier et ustensiles de ménage, sur le quai même des Grands-Augustins. En aval du Pont-Neuf, les bains de la Samaritaine. solidement amarrés, résistent bien. Plus bas, un lavoir et un grand bateau de charbon sont en partie submergés. A une heure et demie, les eaux marquent 5 mètres 80 à l'échelle du Pont Royal. Le fleuve monte toujours. Le courant est d'une violence extrême. On pourrait comparer sa vitesse à celle d'un cheval au trot. »

C'est au pont des Invalides que le désastre fut le plus grand. On sait que ce pont était en reconstruction depuis quelques mois, et qu'on avait dû établir en avant une étroite passerelle en bois pour la circulation du public. Le vendredi soir, 2 décembre, les glaces amoncelées en amont du pont de Solférino et provenant de la partie du fleuve, qui s'étend de ce point jusqu'au Pont-Neuf, sont venues s'accumuler dans les deux passes protégeant les travaux de reconstruction. On essaya de faire partir, à l'aide de la dynamite, l'amas énorme de glaçons accumulés et dont la plupart mesuraient de 35 à 40 centimètres d'épaisseur. Un conducteur des ponts et chaussées, prit place sur la passerelle avec deux équipes d'ouvriers, et, de ce poste dangereux, fit jeter dans le fleuve des

FIG. 84. — LA DÉBACLE DE LA SEINE A PARIS.

nombreuses cartouches enflammées pour disloquer les glaçons qui faisaient craquer les étais avec un bruit sinistre. Sous l'action brisante des cartouches explosives, des glaçons épais se disjoignaient et s'écroulaient en certains points, tandis qu'en d'autres, l'explosion projetait de hautes gerbes d'eau et de glace. Malgré ces efforts, les deux passes ne tardèrent pas à s'engorger; les glissières se rompirent, la passerelle fléchit, et les ouvriers n'eurent que le temps de s'enfuir au plus vite : à sept heures, tout le milieu de la passerelle s'écroulait dans la Seine, et le tablier venait se dresser contre une des passes et la boucher.

Pendant la nuit, la démolition de la passerelle continua sans trêve, et le samedi il en restait à peine trace.

Cependant les glaçons s'accumulaient contre les piles du pont des Invalides, les ébranlant de coups répétés. De bonne heure, les planches et les cintres, disjoints, tombèrent dans le fleuve.

A 10 h. 40, la seconde arche du pont des Invalides (côté rive droite), incapable de résister plus longtemps à la pression des glaces et au choc des épaves, s'effondra tout entière. A 1 h. 40, au moment où le préfet de la Seine, venu pour se rendre compte du désastre, descendit de voiture et s'avança vers le pont, on vit tout à coup le tablier de la seconde arche du côté gauche s'affaisser et l'arche tout entière s'écrouler avec un bruit effroyable.

Tels sont les faits les plus saillants de la grande débâcle de la Seine pendant l'hiver de 1879-1880, qui restera un exemple à peu près unique dans l'histoire de la météorologie de Paris.

VINGT-DEUXIÈME CAUSERIE

LE SPECTACLE DE L'ATMOSPHÈRE

Nous avons vu à plusieurs reprises dans le cours de nos causeries quelle importance les phénomènes météorologiques peuvent prendre en ce qui concerne nos intérêts. Nous allons y revenir encore une fois. On conçoit que tous les pays civilisés du monde s'efforcent d'étudier l'atmosphère, et d'arriver à pouvoir peut-être un jour prédire le temps futur, comme on prévoit à l'avance les éclipses, les événements astronomiques et les marées. La télégraphie électrique permet souvent d'annoncer l'arrivée d'un cyclone ou d'un orage dans une localité déterminée, car l'électricité est plus rapide encore que l'ouragan. Si un orage s'avance du sud au nord comme celui du 9 mai 1865 (fig. 85), il est facile de prévoir à l'avance les régions qu'il va atteindre, alors même qu'il n'est qu'à son début.

Les stations météorologiques organisées au sommet des montagnes, comme l'observatoire du Pic du Midi ou du Puy de Dôme, rendent aussi de très grands services, car c'est principalement dans les hautes régions de l'air qu'il faut chercher la cause des perturbations inférieures. L'accumulation des neiges sur les hautes cimes, aussi bien dans le nouveau monde (fig. 86) que dans l'ancien continent, et notamment dans les Alpes (fig. 87 et 88), détermine souvent par sa fusion rapide au commencement du printemps des inondations plus ou moins importantes. En se précipitant en blocs sur les pentes, elles forment aussi les avalanches, qui souvent détruisent les habitations (fig. 89). Des observateurs postés dans

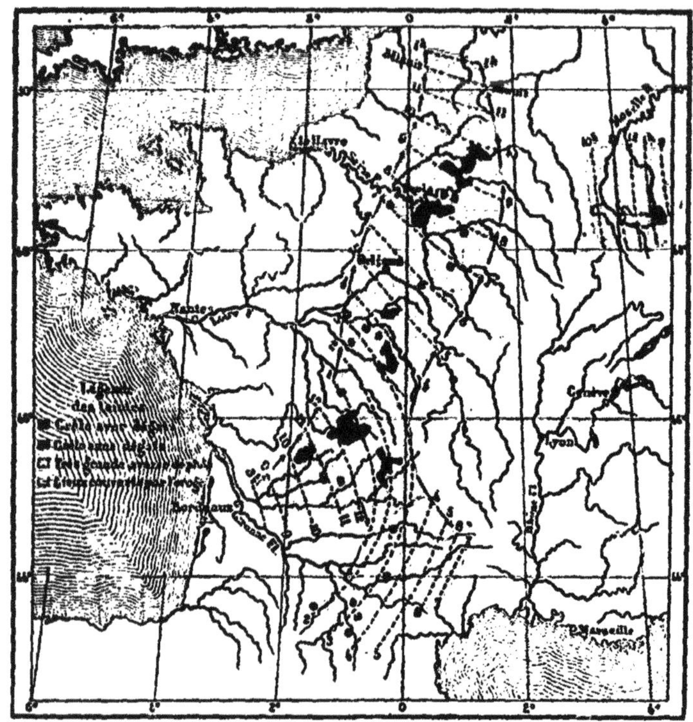

FIG. 83. — SPÉCIMEN DE LA MARCHE D'UN ORAGE ET DES RÉGIONS ATTEINTES PAR LE MÉTÉORE.

les montagnes peuvent prévenir à l'avance les habitants des vallées des dangers qui les menacent.

Le spectacle de l'océan aérien offre par lui-même un grand attrait; je vais essayer de vous en faire comprendre les beautés.

Plongés au fond de cet immense océan gazeux que l'on nomme l'atmosphère, nous ne connaissons pas les lois qui régissent les mouvements de ses flots invisibles, — pas plus que les êtres qui vivent au fond de la mer ne soupçonnent que des

FIG. 86. — GLACIER DU CHILI.

marées font osciller la surface des eaux, que des vagues écumantes se précipitent sur des falaises inconnues, qu'une phosphorescence superficielle illumine parfois, en longs rubans de feu, ces plaines liquides sans cesse en mouvement.

Nos sens si bornés nous ont caché longtemps l'existence de ce gaz impalpable qui entretient en nous la vie. L'homme a jeté les regards bien loin de la terre jusque dans les solitudes les plus éthérées, où les nébuleuses sont semées comme une

FIG. 87. — GLACIER D'ALETSCH DANS LES ALPES ET LAC DE MŒRILL.

céleste poussière, bien avant de fixer son attention sur l'air qu'il respire, sur l'air qui anime sans cesse tout son organisme! Que de réflexions suscitées par ces aspirations de l'esprit humain, que l'on voit s'élancer fièrement à la conquête

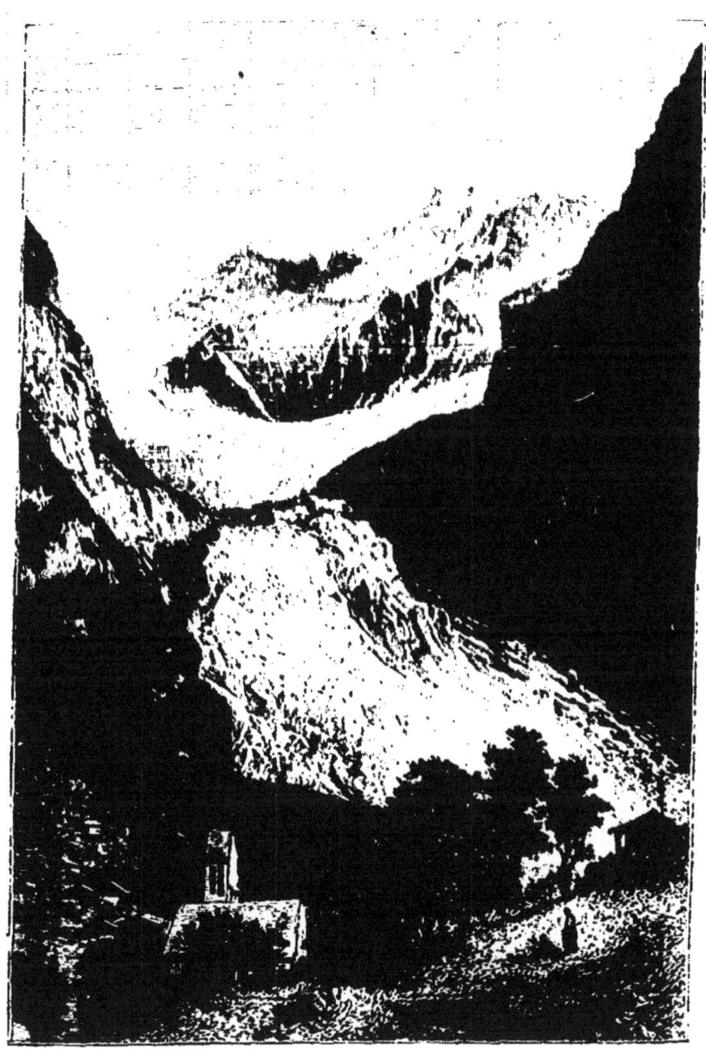

FIG. 88. — GLACIER INFÉRIEUR DU GRINDELWALD.

des cieux avant d'avoir appris à visiter son propre domaine! N'est-on pas en droit de rappeler ici la fameuse maxime « Connais-toi toi-même » qu'a lancée avec un bon sens quelque peu railleur un ancien philosophe, et n'est-il pas permis de compléter cet aphorisme en disant : « Connais ta demeure, étudie ta maison, recherche les lois qui président à la vie du globe terrestre, observe ce navire flottant dans l'espace et qui, nuit et jour, entraîne à travers l'immensité l'humanité tout entière. »

C'est au XVIe siècle que de hardis navigateurs osèrent les premiers s'aventurer avec un héroïsme sans égal à la véritable conquête de l'Océan; c'est à notre époque que, pour la première fois, les hommes, interrogeant l'atmosphère, cherchent à en déchiffrer les mystères. De toutes parts des observatoires se construisent à la surface des continents, et tous les peuples civilisés ont aujourd'hui des savants qui consacrent leur intelligence à l'étude des phénomènes aériens. L'observatoire de Montsouris, spécialement consacré à la météorologie, a partout des succursales ou des établissements rivaux, dont les résultats se complètent et s'enchaînent. Espérons qu'avec de telles ressources il ne faudra pas attendre plusieurs siècles encore pour que la science de l'air soit créée, pour que l'observation réponde à ces questions multiples que se pose la météorologie moderne!

Rien ne peut exciter plus vivement notre intérêt que l'air; enfouis dans les profondeurs de l'atmosphère, nous sommes constamment soumis à l'action de ses flots invisibles qui agissent différemment sur notre organisme, suivant qu'ils se précipitent impétueux et terribles, ou qu'ils se laissent mollement bercer dans l'espace. Quelle est la cause de ces variations? Pourquoi des nuages épais cachent-ils aujourd'hui l'azur du firmament, tandis que demain la voûte céleste, pure et radieuse, laissera filtrer jusqu'à nous les rayons vivifiants du soleil?

FIG. 89. — UNE AVALANCHE DANS LES ALPES.

Ce n'est pas une vaine curiosité qui soulève ces problèmes; c'est un besoin sérieux et universel. C'est à l'air, plus qu'à l'Océan, que le marin confie sa vie et sa fortune, c'est à l'air que l'agriculteur demande la pluie ou la chaleur, et c'est l'air que le médecin accuse dans les épidémies. — Nulle science n'est plus utile, et nulle science n'a été plus négligée que celle de l'atmosphère, puisque pendant des siècles l'homme est allé jusqu'à se demander si l'air existait réellement. L'imagination et le bon sens populaire ont toujours fait justice de ces hésitations d'une science à son enfance, en peuplant les flots aériens de divinités charmantes. N'est-ce pas Éole qui gonflait autrefois la voile des navires, tandis que Borée et Aquilon, ses fils, parcouraient les forêts pour en faire tressaillir les rameaux verts sous leur souffle puissant?

La raison et la philosophie moderne ont éloigné ces êtres poétiques, ont fait oublier ces fictions souvent redoutables; la règle a succédé à l'arbitraire, et des forces dont on cherche à déterminer les lois ont remplacé les puissances occultes de la fable. Vue sous un jour nouveau, la nature n'en est pas moins belle, ses beautés n'en sont pas moins propres à élever l'esprit, et l'air, sans les dieux qui étaient censés l'animer, n'a rien perdu de son intérêt.

Si la mer nous frappe par sa grandeur saisissante, par le mugissement plaintif et mélodieux de ses flots, l'atmosphère nous réserve aussi des spectacles imposants qui ne méritent pas moins d'arrêter et de fixer notre attention. Quand l'air est débarrassé de vapeurs, et que le soleil en perce l'épaisseur, quel panorama plus attrayant que cet immense dôme d'azur s'élevant comme une voûte vaporeuse dont l'œil ne peut sonder la profondeur! Sa nuance bleue si pure et si belle se marie avec tous les tons, sa note est toujours à l'unisson dans la gamme des couleurs; on dirait qu'elle s'harmonise avec notre âme, en y jetant je ne sais quelle sensation d'une secrète joie.

Si le ciel, au contraire, est masqué par un écran de nuages obscurs, si la brume et les vapeurs épaisses sont suspendues dans l'espace, les êtres vivants ne peuvent se défendre d'une inquiétude réelle, quoique mal définie ; la nature, triste et anxieuse, attend un réveil, c'est-à-dire le moment où l'air ait retrouvé sa limpidité sereine.

La science de l'air répond à tous les besoins les plus impérieux des sociétés ; quand elle sera fondée, l'agriculteur pourra fructueusement cultiver le sol, et le marin perdu dans l'immensité des mers ne sera plus surpris à l'improviste par le cyclone terrible ou par l'ouragan furieux. Il est à regretter que l'on soit resté si longtemps à disserter sur la cause des mouvements de l'air sans en mieux étudier la nature, sans que l'observation soit venue dévoiler les solutions nombreuses des mille problèmes que nous voyons énoncés au sein des plaines de l'air. Quelles investigations offrent plus de charmes, plus d'attrait que celles de la météorologie ? Quelle étude plus attachante que de suivre le nuage mollement balancé par les souffles du zéphyr, et de méditer sur le rôle sublime de la goutte d'eau qui vient, sous forme de pluie, fertiiser nos continents ?

Les spectacles de l'air sont toujours grandioses, toujours nouveaux et d'une variété infinie. Quand le jour va naître, les rayons du soleil, se réfléchissant sur les hautes régions de l'atmosphère, ne nous envoient d'abord qu'une faible lueur qui, d'instant en instan', augmente d'intensité, jusqu'à ce qu'elle devienne le jour, après l'avoir annoncé. Cette lueur, c'est l'aurore qui, par la décomposition des rayons solaires, produit toutes ces nuances suaves ou éclatantes dont les nuages se décorent au matin. Ces phénomènes de couleur ont été attribués par les poètes à la déesse aux doigts de rose, avant-courrière du soleil, parcourant sur son char les plages vaporeuses de l'air.

Si l'air n'existait pas, les rayons viendraient frapper la

terre en ligne droite, il n'y aurait plus de ces gradations qui préparent la lumière étincelante ou la nuit ténébreuse, l'apparition et la disparition du soleil seraient subites, le grand jour succéderait à l'obscurité complète, et la nuit ferait instantanément place à la lumière. La nature, en ménageant cette lente succession de phénomènes, semble vouloir préparer la vie qui naît avec le jour et atténuer nos regrets quand il va s'éteindre. — Grâce à l'air, le soleil au matin se montre d'abord comme une lueur douce qui grandit sans interruption, et le soir son éclat s'affaiblit lentement et s'éteint sans qu'on y songe. La lumière se dissipe peu à peu, comme notre jeunesse, comme notre force, comme nos joies, comme notre existence même sans que nous en ayons, pour ainsi dire, conscience.

VINGT-TROISIÈME CAUSERIE

ILLUSIONS D'OPTIQUE

Nous parlerons dans notre dernière causerie de quelques illusions d'optique qui peuvent être produites à l'aide d'appareils de physique, et qui donnent naissance à des expériences fort attrayantes. La lanterne magique, représentée dans les figures 90 et 91, peut être considérée comme le plus ancien des instruments de cette nature. Elle se compose d'une lanterne sourde, contenant une lampe munie d'un réflecteur. Une grosse lentille plan-concave *c* (fig. 90) et une autre lentille convexe *d* projettent sur un écran P Q, en l'agrandissant considérablement, l'image *ll* que l'on glisse dans une coulisse. C'est d'un système analogue, mais perfectionné, que se servait le physicien Robertson pour donner naissance à ses fantasmagories, qui eurent un si grand succès à Paris sous la Révolution. Il projetait parfois des images de squelettes ou d'autres objets effrayants que l'on voyait grandir peu à peu, et qui parfois jetaient la terreur parmi les assistants (fig. 92).

Il y a quelques années, un nouveau Robertson, M. Robin, excita vivement la curiosité du public par la production de spectres impalpables fort dignes d'attention. Nous allons expliquer cette curieuse expérience.

Quand nous voyageons, la nuit, dans un wagon de chemin de fer éclairé, nous pouvons observer que les glaces des fenêtres jouent un peu l'office d'un miroir; l'image de la lampe et celle de nos voisins, qui lisent le journal ou qui dorment, sont projetées en dehors sur la voie, et comme la transparence des glaces nous permet en même temps de voir les poteaux télégraphiques ou les arbres qui bordent le chemin ferré, ces images se mêlent avec toute l'apparence de réalité aux objets extérieurs.

Ce phénomène est encore plus facile à observer dans un café illuminé, comme ceux des boulevards de Paris ou des

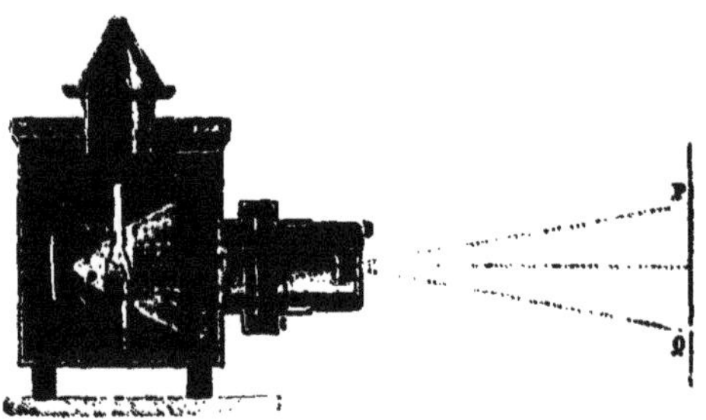

FIG. 90. — LANTERNE MAGIQUE.

grandes villes; notre image, celles des personnes qui jouent au domino ou boivent un verre de bière, se confondent à l'extérieur avec les passants et les promeneurs.

Il en est de même des spectres de théâtre, ainsi qu'on peut le voir par la gravure où nous représentons la disposition de la scène et des appareils destinés à reproduire ces images (fig. 93).

Sous le plancher du théâtre, une lampe électrique, ou mieux une lampe éclairée par la lumière de Drummond, lance des rayons sur le personnage vivant qui joue le rôle du spectre, diable ou fantôme. Sur la partie antérieure de la véritable scène, en avant même des rideaux qui encadrent le décor, est encastrée une glace sans tain, de belle qualité, qui sépare les spectateurs du personnage qui est en scène.

Cette glace doit offrir une surface de réflexion d'une pureté absolue, et cette condition est indispensable pour obtenir

FIG. 91. — EXPÉRIENCE DE LA LANTERNE MAGIQUE.

une image d'une grande netteté; elle est inclinée à 45 degrés par rapport au plan du théâtre.

Les rayons projetés sur le personnage vivant placé sous la scène se réfléchissent sur cette glace, et l'image se produit à côté de l'acteur qui est en scène; si l'on ferme la lanterne contenant la lampe, le spectre disparaît.

Sur notre gravure, on voit un voyageur qui, le pistolet au

poing, veut avoir raison d'un fantôme menaçant ; il l'ajuste et le fantôme se dresse tout à coup devant lui. Le voyageur décharge son arme, mais la balle traverse cet être fantastique qui n'offre pas de prise à ses coups.

La salle du théâtre pendant l'apparition est dans un demi-jour, et le spectre, bien éclairé sur la scène, se découpe mieux sur un fond noir. Si, comme on peut en juger, la

FIG. 92. — LA FANTASMAGORIE DE ROBERTSON.

théorie de cette expérience est très simple, on doit reconnaître que l'exécution offre d'assez grandes difficultés, surtout pour le personnage qui joue le spectre. Il faut, en effet, qu'il se tienne renversé à 45 degrés pour que son image paraisse debout sur la scène, et comme il ne peut pas marcher facilement dans cette position si penchée, il produit un fantôme qui n'est jamais complètement droit; il faut en outre qu'il combine avec une grande justesse ses mouvements pour les faire concorder avec ceux de l'acteur, qui n'opère qu'à tâtons derrière la glace. Il doit, enfin, agir en sens inverse de l'effet qu'il veut produire. Quand nous nous regardons dans une glace, et que nous agitons la main droite, notre image agite la main gauche; il en est de même

FIG. 93. — EXPÉRIENCE DES SPECTRES DANS UN THÉATRE.

pour le fantôme dont nous parlons. Pour que son image sur la scène frappe de la main droite, il est indispensable qu'il fasse agir sa main gauche; toutes les scènes qu'il veut produire doivent être ainsi minutieusement étudiées, et ne peuvent bien s'exécuter qu'à la suite de longs et patients tâtonnements.

L'expérience des spectres bien exécutée laisse très loin derrière elle tous les effets analogues obtenus par nos pères; l'illusion est vraiment saisissante, et si nous ne vivions pas à une époque où le merveilleux n'est plus de mode, le physicien qui a tiré un si brillant parti de ces scènes étranges aurait certainement passé pour un autre Cagliostro. Si les imposteurs et les devins de l'antiquité avaient connu ces procédés, que de miracles n'auraient-ils pas produits, et que de têtes n'auraient-ils pas fait tourner! Mais l'art de couler des glaces de grande dimension n'était pas connu : la fabrique de Saint-Gobain n'existait pas.

En ces dernières années, sur le théâtre du boulevard du Temple, tous les soirs on évoquait des fantômes et des spectres, images insaisissables qu'on pouvait impunément percer d'une épée.

Tantôt c'était l'image d'une jeune fille qui posait un bouquet sur sa table : l'acteur voulait prendre les fleurs que lui apportait ce personnage fantastique; mais on voyait sa main traverser le bouquet impalpable qu'il ne pouvait saisir, et tout disparaissait aussitôt comme par enchantement. Tantôt c'était un zouave qui, tué sur le champ de Solférino, ressuscitait au son du tambour : il apparaissait et montrait les blessures de sa poitrine ensanglantée; le prestidigitateur étonné voulait chasser ce fantôme, mais le soldat restait immobile; terrifié, il saisissait un poignard, en menaçait l'apparition, qui restait impassible; il le levait et allait plonger son arme dans la poitrine du zouave, mais le poignard traversait ce corps impalpable qui ne craignait plus les coups d'aucune main humaine.

La *tête du décapité* est encore une remarquable expérience de physique amusante. Voici en quoi elle consiste :

Vous entrez dans une petite salle peu éclairée. Devant vous est une table à trois pieds, sur laquelle un plateau porte une tête humaine. Sous la table on voit de la paille, et entre les pieds à jour, le mur du fond. C'est bien une tête qui est couchée sur ce plateau; mais a-t-elle vie, et ne pourrait-ce pas être une tête en cire? Adressez-lui la parole, votre doute cessera : elle va vous parler.

Si vous questionnez cette tête, elle se redresse, et la voilà qui tourne sur son plateau de métal; elle remue les yeux, répond à vos questions; en un mot, c'est bien une tête vivante.

L'illusion est produite à l'aide des glaces étamées qui joignent entre eux les pieds de la table, et qui, perpendiculaires au sol, sont inclinées à 45 degrés par rapport aux plans des deux murs de droite et de gauche. La paille étalée sur le sol est réfléchie par ces glaces, et l'image qui se forme sous la table continue, si naturellement qu'il est facile de s'y méprendre, le sol qui ne paraît être coupé par aucun obstacle. Les glaces réfléchissent, en outre, les murs de droite et de gauche, et comme ils sont à une distance de la table précisément égale à celle qui sépare celle-ci de l'autre mur du fond, leurs images se confondent avec ce que l'on voit de ce dernier mur.

Pour le spectateur, la table paraît à jour; sous les pieds il voit de la paille, et dans l'intervalle qui les sépare il aperçoit le mur du fond; en réalité, ce mur n'est autre chose que l'image des deux murs de droite et de gauche, et la paille qu'il voit sous la tête est l'image de celle qui entoure la table.

Le spectateur ne peut pas approcher du décapité, il en est séparé par une grille qui le tient à une distance de deux mètres environ. On raconte qu'un visiteur indiscret et soupçonneux lança un jour une pierre entre les pieds de la table qui soutenait la tête; il voulait s'assurer que cette pierre traverserait bien l'espace compris entre ces pieds et irait frapper le mur du fond; mais elle rebondit contre la glace qu'elle brisa. Le secret du miracle était dévoilé : seulement le spectateur paya un peu cher sa curiosité.

Dans une petite ville de province, le décapité tournait les yeux sur son plateau et racontait sa lamentable aventure. Un mauvais plaisant accourt effaré en criant : « Au feu ! » La tête se dresse aussitôt, et la voilà qui se détache du plateau, entraînant avec elle un grand corps humain qui fuit à toutes jambes.

FIN

TABLE DES MATIÈRES

FIN DE LA TABLE DES MATIÈRES.

PARIS. — IMPRIMERIE ÉMILE MARTINET, RUE MIGNON, 2.

www.ingramcontent.com/pod-product-compliance
Ingram Content Group UK Ltd.
Pitfield, Milton Keynes, MK11 3LW, UK
UKHW021056230726
13926UKWH00004B/1886